国家示范性高等职业院校课程改革教材

Cheliang Tongxingfei Shoufei Shiwu

车辆通行费收费实务

田　杰　谭　明　主　编
谭任绩　副主编
李冬陵　主　审

人民交通出版社

内 容 提 要

本书为“国家示范性高等职业院校课程改革教材”。本书根据车辆通行费收费员的岗位任务和职业能力分析，以车辆通行费收费员的操作流程为主线，遵循认知规律，紧密结合《公路收费及监控员国家职业标准》中的考证要求来编写，全书分为两篇共十一章，知识篇内容包括：收费系统、联网收费、收费标准、收费票证、收费介质；实务篇内容包括：收费车型判别、入口车道操作、出口车道操作、特殊车辆处理操作、异常事件处理等。

本书可作为高职高专院校交通安全与智能控制专业及相关专业的教材或教学参考书，也可作为高速公路通行费收费员岗前培训教材。

图书在版编目（CIP）数据

车辆通行费收费实务/田杰，谭明主编．—北京：人民交通出版社，2010.6
ISBN 978-7-114-08443-0

Ⅰ．①车… Ⅱ．①田…②谭… Ⅲ．①公路费用—征收—中国 Ⅳ．①F542.5

中国版本图书馆 CIP 数据核字(2010)第 088645 号

国家示范性高等职业院校课程改革教材

书　　名：车辆通行费收费实务
著 作 者：田　杰　谭　明
责任编辑：黎小东
出版发行：人民交通出版社
地　　址：(100011)北京市朝阳区安定门外外馆斜街3号
网　　址：http://www.ccpress.com.cn
销售电话：(010)59757969,59757973
总 经 销：人民交通出版社发行部
经　　销：各地新华书店
印　　刷：北京盈盛恒通印刷有限公司
开　　本：787×1092　1/16
印　　张：8
字　　数：198千
版　　次：2010年6月　第1版
印　　次：2010年6月　第1次印刷
书　　号：ISBN 978-7-114-08443-0
定　　价：24.00元

序言

我院在长期的办学实践中，不断深化职业教育教学改革，先后与80多家大中型企业开展合作办学，探索出了"订单"培养、"秋去春回、工学交替"等人才培养模式，毕业生深受用人单位的欢迎，实现了学校、企业、学生等"多赢"。在校企合作中，我们深刻体会到，要真正实现"技能训练与岗位要求对接、培养目标与用人标准对接"，就必须有一套适合"订单"教学的工学结合的教材，于是就有了与企业技术骨干一起编写教材之愿望，随后几年，各种讲义便呼之欲出。

教育部《关于全面提高高等职业教育教学质量的若干意见》中指出："高等职业院校要积极与行业企业合作开发课程，根据技术领域和职业岗位（群）的任职要求，参照相关的职业资格标准，改革课程体系和教学内容。""与行业企业共同开发紧密结合生产实际的实训教材，并确保优质教材进课堂。"2007年，我院被正式列为第二批国家示范性高等职业院校建设单位，开发"工学结合特色教材"作为国家示范重要建设项目，被郑重的写入了建设任务书。

三年来，各教材主要撰写人带领教学团队成员，深入"订单"企业调研，广泛听取企业、学生、职教专家等多方人士意见，并结合国外先进的职教经验，遵循基于工作过程导向的课程开发理念，夙兴夜寐，多易其稿，进一步丰富了原讲义的内容，并付诸教学实践。正是有了各专业教学团队的辛勤耕耘，这套工学结合的系列教材才得以顺利付梓。在这里，我要道三声感谢：感谢国家示范建设项目的实施给我们提供了千载难逢的参与机会，感谢各位领导、省内外职教专家的悉心指导，感谢各位老师、主要撰稿人为之付出的劳动。

诚然，由于我们课程开发的理论功底不深，深入实践的时间有限，教材中错误也在所难免。正如著名职教专家姜大源在国家示范性高等职业院校建设课程开发案例汇编《工作过程导向的高职课程开发探索与实践》序言中所说："这只是一部习作。习者，蹒跚学步也"。它"虽显稚嫩，却是新起点"。诚恳希望各位同行、专家批评指正。

工学结合是职业教育永恒的主题。即将颁布和实施的《国家中长期教育改革和发展规划纲要(2010～2020)》对大力发展职业教育做出了许多重大举措,特别提出了制定校企合作法规,调动企业参与职业教育的积极性。可以说,职业教育将迎来又一个新的春天。欣逢盛世,责任重大。我们将一如既往地加强与企业的合作,积极探索多种形式的职业教育模式,开发适应企业和市场需求的专业教材,努力培养更多的高技能人才,为实现我国从人力资源大国到人力资源强国的转变作出应有的贡献。

路漫漫其修远兮,吾将上下而求索。

是为序。

王章华

2010年3月于岳麓山下

(王章华为湖南交通职业技术学院院长、教授,中南大学硕士生导师)

前　言

截至2009年底,全国高速公路通车总里程已达6.51万km,然而,我国高速公路收费主要还是以人工发卡、收费找零,计算机辅助的半自动收费方式为主,而且由于高速公路存在的级差效益,未来的一段时间内,高速公路收费这一历史产物还会长期存在,因此,为了让即将从事高速公路收费工作的人员能够快速熟悉收费义务,顺利上岗,同时,也为了满足交通安全与智能控制专业的学生学习收费技能,在湖南省高速公路管理局的支持和帮助下,我们编写了本教材。

本教材根据车辆通行费收费员的岗位任务和职业能力分析,以车辆通行费收费员的操作流程为主线,遵循认知规律,紧密结合公路收费及监控员证书国家职业资格鉴定中的考证要求来编写。全书共分为两篇共十一章,知识篇内容包括:收费系统、联网收费、收费标准、收费票证、收费介质等,主要介绍收费过程中的相关知识;实务篇内容包括收费车型判别、入口车道操作、出口车道操作、特殊车辆处理操作、异常事件处理等,主要介绍收费过程的具体操作规程。每章前面有本章的教学活动设计,可供教学指导人员参考。

本教材由湖南交通职业技术学院田杰、谭明主编,谭任绩副主编;湖南省高速公路管理局李冬陵高级工程师主审。第一、二章由湖南交通职业技术学院谭明、陈瑜、刘虹秀编写;第三、四章由湖南交通职业技术学院田杰、曾瑶辉、陈媛编写;第五章由湖南交通职业技术学院谭任绩编写;第六章由湖南交通职业技术学院谭明编写;第七、八章由田杰、陈瑜编写;第九、十、十一章由湖南交通职业技术学院田杰、刘虹秀编写。

本教材在编写过程中,湖南省交通职业技术学院有关部门和领导对本教材的编写给予了大力支持和帮助;李冬陵高级工程师对本教材提出了许多宝贵的意见,并帮助编者修改了写作大纲,还提供了许多有价值的资料,在此表示衷心的感谢!

书中引用了一些前辈和同行的研究成果和论述,特此一并感谢!

由于编者水平有限,加之时间仓促,本书难免有不妥之处,敬请读者批评指正。

编　者

2010年5月

目　　录

第一篇　知　识　篇

第二篇　实　务　篇

第一篇　知　识　篇

第一章 收费系统

【学习目标】

(1)知道常用收费设备规格,理解收费系统基本构成及工作过程;

(2)会识读常用收费设备型号含义;

(3)使学生具备道路收费的基础知识。

【教学活动设计】

(1)组建一个最简单的收费系统;

(2)对组建的收费系统进行介绍、说明;

(3)指导教师进行项目点评、对系统进行开放式改建。

第一节 计算机收费系统

高速公路收费系统经历了由人工收费、计算机辅助收费(半自动收费)及计算机全自动收费三个阶段。鉴于目前各地的收费方式仍以半自动收费为主,因此,以下介绍计算机收费系统时,将着重介绍半自动收费系统。

一、计算机收费系统的基本构成

通常的计算机收费系统可分为计算机网络与收费软件子系统、音频子系统、视频子系统和电力支持子系统四个部分。

1. 计算机网络与收费软件子系统

高速公路的收费一般都采用分级管理体制,由各收费站负责本站的收费日常事务,全线的收费及其统计工作人都由收费中心来完成。因此,高速公路收费系统的管理必须建立在计算机局域网及广域网络相连接的基础上。

典型的封闭式计算机收费系统为如图 1-1 所示的分布式多级结构。

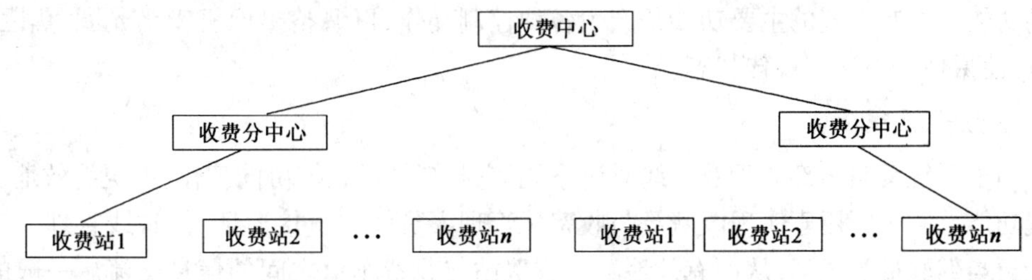

图 1-1 计算机收费系统分级结构

收费总中心和分中心主要负责全线各站(或所属区域内收费站)的统一管理,如全线数据的保存、备份、统计、处理,统一费率表发放,全线时钟校对,车道开通控制,财务管理,员工管理等。各站主要负责对本站各车道的日常事务管理,如本站收费数据和交通量数据的采集和处理,本站工作人员的管理,对车道的监控,特殊事务处理等。出入口车道机则主要进行车辆出入的判型、判费、收费过程的记录和统计、原始数据的采集等。可以看出,收费系统的车道级软件主要是以控制系统和人机系统为主,与通信系统结合,面向控制;而站级、分中心、总中心级则是以网络系统为主,面向管理。

收费系统计算机网络是由计算机部分和通信部分组成。通常的做法是将局域网通过路由器接入通信网络,形成广域网。有关内容将在高速公路通信系统课程里作详细介绍。

2. 视频子系统

出于对国内收取现金的管理要求及安全需要,应对车道收费情况实行实时监控,因此,收费系统中必须设置用于图像监控的视频子系统。在以站为实际监控管理的模式下,视频子系统可以各站为单位进行设置;在设立全线监控总中心的模式下,该系统往往有两种方案:一种是设立电视墙,将所有摄像头一对一地引入监视器中,监视器按编号成排地放在监视器支架上,形成墙的效果;另一种是采用大屏幕监视器,用多画面分割器来合并图像并在大屏幕上显示。当资金比较紧张时,往往不采用计算机和通信设备,但仍要设 CCTV 监控系统,并把所有的电视信号都引到总中心,这种系统为集中监控系统;也可以以收费站为单位进行监控,这种称为分散监控系统。对有疑问的车辆和免费车辆,收费站图像处理机自动对图像进行数字化处理并保存。在软件设计时,要充分考虑对图像信号的处理时间、存储图像所需的硬盘容量、数据库容量、图像传输速度对网络的要求等。

CCTV 监控系统主要由摄像部分、传输部分、接收部分和控制部分组成。摄像部分主体是摄像机,包括镜头、摄像机支架、云台和防护罩等。高速公路 CCTV 监控系统的传输途径有如下两种:直接视频传输和射频分布传输。直接视频传输可利用同轴电缆、光纤、平衡线视频电缆、微波等传输动态图像信号;射频分布传输则可以利用单根同轴电缆传输多幅图像。光纤传输由视频传输光端机、光缆、光缆分线盒、光缆配线架及短路光纤等组成。接收部分是 CCTV 监控系统的终端部分,它主要由监视器、多画面处理机、录像机、报警装置等组成,其目的是把所需的图像信息在监视器上显示出来。通常每个收费站都有几个收费车道摄像机,需要用多画面处理机将这些图像进行处理以减少显示器数量。摄像机摄取的模拟图像首先进入多画面处理机的 Video 输入端口。多画面处理机具有内置切换器,可通过面板手动切换或由监控客户机通过串行口进行自动切换图像,并将输入的图像以多画面分割方式或单画面方式显示在监视器上,将图像用帧复合的方式存入录像机上。在录像的同时,画面处理机将报警信息记录于录像带上,供以后回放时检索。播放录像带时,多画面处理机具有多画面或单画面方式显示图像的功能。控制系统的主要功能是产生各种控制动作,以调整摄像机镜头光圈、焦距、云台位置等,使摄像效果达到最佳状态。

3. 音频子系统

音频子系统又叫内部监听及有线对讲系统,它与视频子系统协同工作,能更有效地发挥收费监视功能。它主要用于实现收费员与收费站管理人员间的直接通话,使站线管理人员可监听收费员与驾驶员的通话,从而有效地解决收费站与收费车道之间的信息交流。一般的音频子系统由主机、分机、通信线及电源构成,主机安装在收费站监控台上,具有单对多的群呼功能;分机安装在收费亭中,可与上级通话,有些分机上还配有麦克风,可以实现站对各个道口的监听。一些收费系统中还增加了移动通信功能,以便于公路巡查人员与收费站以及与收费中心和收费分中心的通信。移动通信一般由基地台(或称基站)和手持机组成,基站有固定式和移动式两种。手持机在通信距离小于 1km 时可实现直接相互对讲,若距离太远则需要通过基地台以及基地台之间的通信来相互联系。有线对讲系统占收费系统总投资的很小部分，其功能却是每天用得最多的部分，所以该系统功能的好坏直接关系到收费系统的总体水平。

目前大多数的有线对讲系统都是采用传统的模拟信号放大系统，需单独布线并配置放大设备。也可以利用最新的网络技术，将声音信号接入计算机转换成数字信号进行传输，或将对方传来的数字信号转换成模拟信号，通过喇叭播放。这样就将网络和对讲两个系统合成为一个系统，使系统简化。其缺点是对整体可靠性要求高，一旦网络出现故障，就无法使用车道对讲系统。

4. 电力支持子系统

电力支持子系统指使收费系统正常运行所需的电源、后备发电机组、变压器、稳压器、电力电缆、电力接地、通信线缆、信号接地等。电源系统非常重要，它的性能必须可靠、稳定和高效，除具备稳定的电力供应设施外，为保证系统的可靠性，收费系统的各种重要的有源设备，都应配备独立的不间断电源（UPS），如收费站配备大功率 UPS（2 ~ 10kV · A），收费岛配备小功率 UPS（2kV · A 或更小）。UPS 能保证停电时继续提供一段时间的满负荷供电，并且一部分电源出现故障时不影响其他部分的运行。若经过这段时间电力系统仍未恢复供电，系统将会自动报警，并在保存数据后关机，以防止突然掉电引起的数据损失。由于分布式 UPS 能更好地保证系统的可靠性，在局部系统出现故障时其他部分可能会受影响（站上 UPS 故障时影响的仅仅是数据上传的滞后及部分管理功能；岛上出现 UPS 故障时，可暂时关闭该岛，影响范围仅仅是一个车道），所以一般新的收费系统都不采用集中供电式 UPS。

二、计算机收费系统的主要功能

计算机收费系统按狭义理解应具备以下主要功能。

1. 实时数据采集功能

各车道的有关信息，如车辆信息、当班收费员信息、各类车辆通过的数量、仪器的工作状态、特殊情况的处理等，应及时地传送给控制中心的计算机。所采用的通信协议、规程和接口必须符合国家标准；同时，必须采取检错、纠错的差错控制方法，以满足误码率的要求。

2. 数据存储处理功能

数据处理程序将采集到的数据进行分类处理，按照一定的格式存储到硬盘。在处理过程中如发现故障信息或报警信息，应及时送到显示器，并驱动声光报警程序。硬盘内至少保存一年以上的数据，以便资料的保存、查询或检索。

3. 定时处理功能

收费站控制中心的计算机应具备下列定时处理功能：

（1）定时将内存中的原始数据转存到硬盘。

（2）定时向车道控制机下传时钟、价格等信息。

（3）定时接收其他计算机尤其是总控制中心传来的信息。

（4）定时上报交通量统计信息。

（5）定时打印输出各种报表。

4. 统计制表打印功能

统计制表是计算机管理的一个重要方面，它可以节省大量人工的烦琐劳动，准确、迅速、及时地查阅大量资料，并得出结果。

三、收费系统硬件设备

(一)车道硬件设备

车道硬件设备由车道控制器(车道工控机,简称工控机)、收费员终端(显示器、专用键盘)、车辆检测器、自动栏杆、费额显示器、收据打印机、雨棚信号灯和手动栏杆等。车道控制器预留不停车收费天线读写器接口。具体连接方法及位置如图1-2所示。

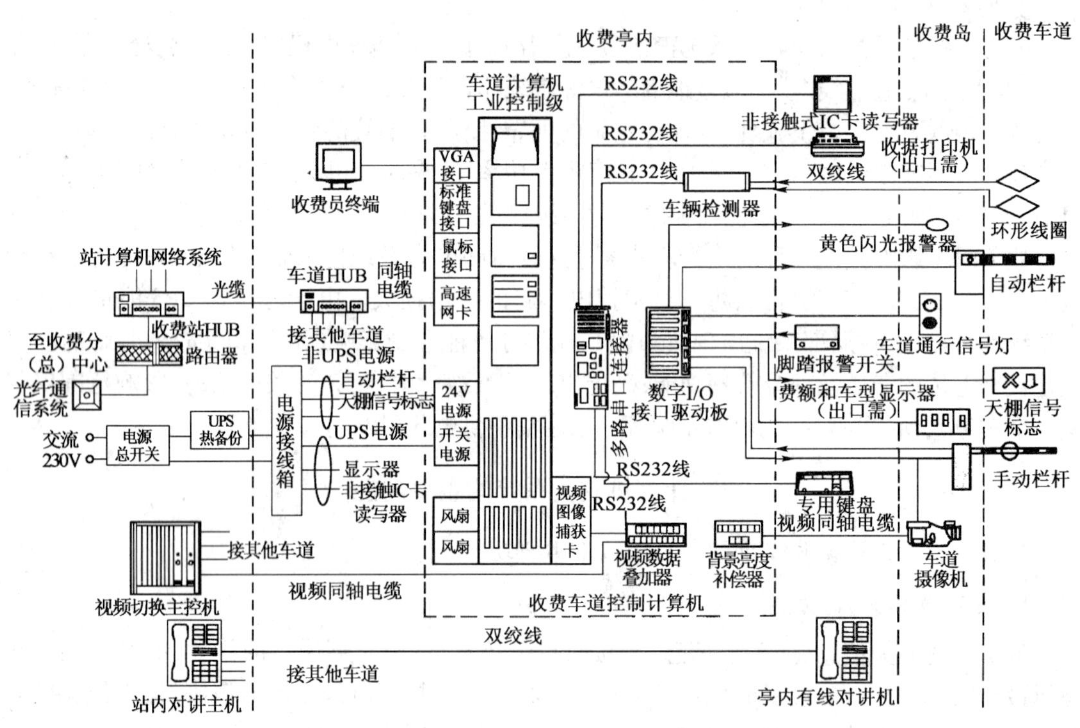

图1-2 入口(出口)收费车道系统构成图

1.车道工控机

车道工控机是该收费系统的核心车道设备,主要由工业级中心处理单元(工业级PC)、接口板、电源和机箱等部分组成。

2.费额显示器

费额显示器用于显示通行车辆的入口站名、车辆类型、收费金额等信息,由显示单元和接口等组成。该设备安装在出口车道靠近驾驶员一侧,给驾驶员提供应缴费额信息。当采用预付卡时,还应将卡上余款信息告知驾驶员。

3.IC卡读写器

非接触式IC卡读写器主要由读写核心单元、读写天线和接口等部分组成。读写器应具有极强的抗干扰能力。读写天线应全封闭,防尘、防水、防振、免维护,车辆上或车道使用的无线电设备及各种电气装置,不应对读写器工作造成干扰或错误读写;读写器与非接触式IC卡之间进行读写时,应通过三重双向鉴别。双向鉴别方法采用DES加密算法或随机数相结合;对非法卡或发现卡中信息有异,则自动永久性锁卡,并发出报警信号。

4. 票据打印机

票据打印机用来打印通行车辆的收费凭据，与车道工控机之间利用串行或并行方式通信。当收费员收费确认后，票据打印机会自动打印出通行费票据，收费员将记有收费信息的票据交给驾驶员。

5. 自动栏杆

自动栏杆安装在收费车道后部，与车辆检测器配合使用。电动栏杆受控于车道控制器。

6. 顶棚信号灯

每一条收费车道面对交通行驶方向的上方安装有一组红色和绿色信号灯，在收费车道背向交通流方向的上方可安装一个红色信号灯。当收费员上班时，顶棚信号灯显示"↑"呈绿色；当收费员下班时，顶棚信号灯显示"×"呈红色。

7. 车道红绿灯

车道红绿灯用于指示驾驶员当前的通行状态，由一组红色和绿色的信号灯组成，其显示体形状可能由正方形红色"×"和绿色"↑"组成，或显示为红色圆发光体、绿色发光体。发光单元宜采用发光二极管(LED)或白炽灯泡。车道通行信号灯受控于车道控制机。收费员发卡(或收费后)，按确认，自动栏杆抬起，车道通行灯显示"↑"呈绿色，可以允许驾驶员通行。车辆通过检测器后，车道通行灯显示"×"呈红色。

8. 车辆检测器

车辆检测器通常埋设在各车道出口处的路面中，用于统计出、入口车道的交通量，控制出口车道电动栏杆的起落。

9. 收费员显示终端

收费员终端一般采用彩色工业级显示器或黑白工业级显示器。

10. 专用键盘

专用键盘具有防水、防尘、防爆等功能，一般用不锈钢制成。

(二)收费站硬件设备

收费站是联网收费的重要部分，一般采用双绞线星形开放网络结构，选用10M/100M双速以太局域网技术，由微机服务器、交换式集线器、客户机(收费管理、车道运行监视、财务)、路由器、打印机、数据备份设备和UPS电源等组成。根据需要还可增加图像处理工作站和图像存储设备。

1. 收费站客户机

收费站要完成对车道数据和图像的管理，通常分别设置图像监控客户机和数据管理客户机。图像监控客户机，应具备较高的分辨率，最好选用大屏幕显示器。在存储空间的配置方面，应考虑图像存储占用大量的存储空间这一特点。监控客户机接收车道工控机发来的图像捕获请求，通常以串口为主接口，以网络为辅助接口；在检测到报警信息时，还要实时打印相关信息并存储，所以应注意预留所需串口和并口。

数据管理客户机的选用需要考虑完成各种数据处理、查询、统计和报表打印功能所要求的响应时间，包括对图像数据进行进一步统计查询所需性能要求，最好选取速度较快的CPU和大存储空间的内存，而且显示器分辨率不能太低。为保证通信故障时能顺利从车道机上下载数据及与其他设备进行数据交换，收费站客户机还应配置有3.5英寸软驱。

2. 收费站服务器

收费站服务器是本站所有计算机中配置最高的，它不但存储本站所有收费数据、交通量数据、班次管理数据和图像，还负责本站局域网的网络管理，因此要求配置高档计算机。为了安装网络操作系统，收费站服务器内存应足够大；考虑到图像和数据应分开存储，且站级至少应存放一个月的数据，服务器最好配两个大容量硬盘和一个可读写光盘机（用于定期数据备份和人工数据上传）。

3. 收费站其他设置

图像监控部分还应具备视频传输装置、多画面处理器或电视墙、录像机、字符叠加器，这些设备应具备长时间工作能力。其余部分还有打印机、报警器、对讲机等，在选用时要充分考虑性能价格比和兼容性。

（三）收费中心硬件设备

收费中心的硬件设备配备，一般来说与收费站设备配备相似。一般也采用双绞线星形开放网络结构，选用10M/100M速以太局域网技术，由微机服务器（或小型机服务器）、交换式集线器、客户机（收费管理、车道运行监视、财务）、路由器、打印机、数据备份设备和UPS电源等组成。

客户机负责相关数据和图像的统计、查询、存储、备份和删除；微机服务器要求存储量大、速度快，兼容性和可扩充性良好等特点。为了网络的可靠性和数据的安全，最好再配备一台同型号或不同型号的计算机，构成双机备份系统。这两套服务器均应开机并正常使用，在网络管理上互为备份，同时配置为双机热备份系统，使数据和网络登录都能在主服务器故障时尽快恢复。

此外，打印机、UPS电源等外设在此不予详述。图1-3所示为收费系统网络拓扑结构示意图。

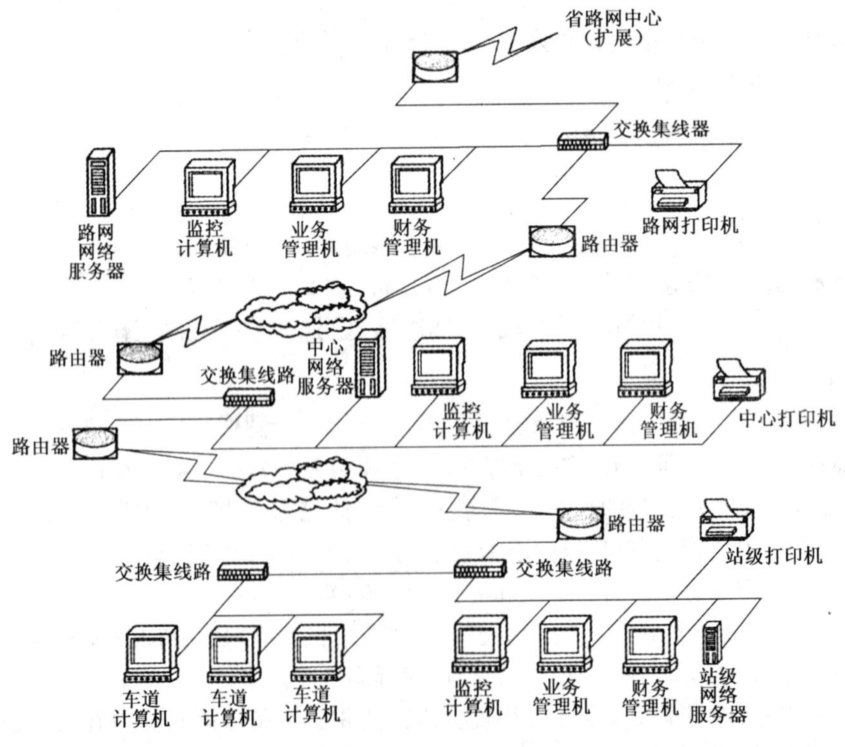

图1-3　收费系统网络拓扑结构示意图

第二节　道路收费的理论基础

一、收费的目的

由于投资结构与管理目标不同,收费管理部门的收费目的也有较大差异。就投资结构来讲,收费的目的有两类:一是偿还贷款的本息;二是收费经营。这两类目的实际上是出让道路暂时使用权而收取经济补偿。前者在制订收费标准时,应以本息额、还贷期、交通需求、经济发展水平、未来发生的成本费等因素来确定费率;后者必须根据交通量需求、期望回报率、经济发展水平等因素来研究。

从目前世界各国的收费情况来看,道路收费的目的还包括为减小道路拥挤而保证通行能力进行的收费。这一目的是通过控制交通需求,从而提高整体社会经济效益,减少延误。因而费率的确定应从降低运营成本、提高经济效益和缓解交通拥挤出发,对不拥挤的道路和时段则不收费。

从以上分析看,为不同的收费目的制订收费标准时,应考虑不同的控制目标。对偿还贷款和控制交通需求以减少道路拥挤为目的的收费,均应以社会效益最大为目标函数;对收费经营目的的收费,则以财务目标——获得合理的盈利为目标函数制订费率。

二、国家的收费规定

根据《中华人民共和国公路管理条例》和交通部、财政部、国家物价局(88)交公路28号文发布的《贷款修建高等级路和大型公路、桥梁、隧道收取车辆通行费规定》的原则,收取通行费。凡利用贷款(包括需归还的集资)新建、改建的高等级公路,建成后对过往车辆收取通行费。收费标准应按桥梁、隧道、公路长度、还款额度、收费期限、交通量大小、车辆负担能力和便利交通等因素综合考虑。中外合资建设的公路项目,其收费管理按批准的协议或合作条款办理。

收取的通行费只许用于偿还贷款和收费公路、公路构造物的养护和收费机构、设施等的正常开支,任何单位和个人不准截留、挪用、平调。车辆通行费按车辆出厂标记载重吨位(行车执照标记的吨位)、载客座位(不分重载、空载),以及行驶、出入高速公路的里程或次数计收。对高速公路有超限行驶的运输车辆的收费原则,应按交通运输部《超限运输车辆行驶公路管理规定》办理;对实际装载超出厂核定吨位、客位的车辆,应按超过数另行加倍收取通行费。

三、收取通行费的范围、规则及特点

高速公路收取通行费的方式与普通公路收缴养路费的方式不同,只对通过高速公路的车辆收取通行费。具体收取费用的标准、范围和管理办法是由当地省、市级人民政府根据中央规定的原则,结合当地实际情况制订细则,经当地省、市或国家物价、财政部门批准颁布实施。因此,所有通过高速公路的车辆,均应按当地政府规定的费额或费率标准向高速公路进出口的收费人员交费,其他任何部门、单位和个人都无权征收和擅自决定减免通行费。

高速公路收费有以下几个特点:

(1)强制性。高速公路收取通行费的政策是国家、省、市、自治区以行政法规的形式发布的。所有通过的车辆除特殊规定外必须交费,否则将按规定受到处罚。

(2)严肃性。通行费的标准是经国家或省、市人民政府等有关部门批准执行的,具有一定的严肃性和权威性。各管理机构、收费人和交费人都必须自觉维护和共同遵守,在执行收费过程中不能带有随意性。收费标准的调整或修改必须经严格的手续上报批准后方能实施。

(3)专用性。通行费收入应在上级部门指定的专户银行存储,实行预算外资金管理,专用于高速公路还贷、养护和扩建。

四、高速公路收费管理

(一)高速公路收费管理的概念

高速公路的收费管理是对车辆收取公路通行费中各项活动过程及财务工作的各种要素进行决策、计划、组织、指挥、控制和激励活动的总称。收取通行费活动主要项目是收费政策的制订与提出,票率标准的测定,收费方式的选择,收费站设置与人员配备,收费票证的监制印刷,保管存储、发放使用,收款及收费上缴,票据稽核、稽查等。

(二)高速公路收费管理的任务

收费工作是高速公路一项经常性而且重要的管理工作。收费管理的主要任务是:贯彻执行国家关于收取高速公路车辆通行费的规定,向过往车辆收取足额的通行费,用以保证高速公路建设资金的偿还及管理运营费用的支出;科学地组织收费工作,在保证公路正常运行秩序的同时,完成与争取超额完成收费目标。

(三)高速公路收费管理原则

高速公路收取车辆通行费的规定涉及面宽、政策性强,因而其管理工作应遵守以下原则。

(1)认真执行国家关于高速公路收取车辆通行费的政策规定。收费管理的政策性原则表现在两个方面,即高速公路的使用者、受益者必须履行付通行费的义务,收费机构必须按章收费。只有做到这两个方面的结合,收取高速公路车辆通行费才能具有现实意义。

(2)尊重科学技术,一切按客观规律办事。在收费管理工作上,应大胆应用先进的设备,改革收费方式,采用新技术、新方法,使用新手段,提高收费效率。根据高速公路上行车速度快、交通量大,不允许收费延迟过长的实际要求,应对收费管理机构、收费站设置、人员配备、系统选择不断进行改革创新,反复探索试验,保证高速公路的高速高效功能得到充分发挥。

(3)坚持服务质量第一的原则。高速公路上的收费管理人员应是一支风纪严明的队伍。工作人员上岗期间,应按规定统一着装,做到着装整齐,持证上岗,严守岗位,按章收费,礼貌服务,文明待人。绝不允许发生违反收费管理工作制度(包括收费票证的领用、缴销、费用的解缴等)的营私舞弊和对驾乘人员的有意刁难行为。

(4)讲究经济效益。车辆通行费收费标准、收费对象、收费方式与收费制度,要符合我国国情与当地实际情况,技术上要先进,经济上要合理;要注意公路的自身价值与社会效益,也要注意公路的经济效益,要考虑眼前经济效益,也要考虑长远的经济效益,使整个收费管理充满生机与活力。

(四)高速公路收费管理的内容

收费管理的重点是不错收、不漏收、不乱收。要科学地组织收费,必须抓住基础工作、收费过程管理、技术开发三项工作。其具体内容如下 。

1. 基础工作

(1)确定收费标准与收费方式;

(2)建立收费机构与配备收费人员;

(3)监制收费票证;

(4)统计车辆交通流量;

(5)制订收费目标计划;

(6)建立健全收费工作责任制;

(7)加强收费工作宣传教育活动。

2. 过程管理工作

(1)收款开(出)票据;

(2)清查堵塞和漏收费;

(3)票证管理;

(4)IC 卡管理;

(5)费用解交程序管理;

(6)经费管理;

(7)服务质量管理;

(8)电子计算机收费管理系统管理。

3. 技术开发工作

(1)收费系统技术研究与开发;

(2)收费技术的改造、革新与技术培训;

(3)各类形式的收费承包经济责任制推行与试验;

(4)收费人员思想、业务、技术、作风等基本素质的建设;

(5)保持与各方面的横向联系与合作。

五、高速公路稽查工作

稽查本意为检查、核查。稽查工作是对纪律、制度执行情况的检查、核查、纠偏和对违规行为查处,是管理工作中控制环节的重要内容,也是高速公路收费管理工作的重要组成部分。

稽查工作的原则和目的是:稽查工作必须以国家法律法规和公司纪律制度为依据,必须公开、公平;稽查工作是针对人的行为开展工作,必须坚持管理工作以人为本的思想,以促进制度的健全、管理的完善;稽查工作以预防违规行为发生为目的;稽查工作的权威基于规章制度的权威和管理的权威,要求被稽查人员必须认真积极配合。

高速公路经营性公司或行政性公司,为规范员工工作行为,控制整个营运工作按照国家法律法规和公司规章制度正常运作,均应设立稽查工作机构,并依一定的行政管理序列,建立由各级管理机构组成的稽查工作体系,赋予各级管理机构在管理范围内相应的稽查工作权限。如目前一些高速公路公司均建立由公司、管理处、收费站组成的三级稽查工作体系,以保证稽查工作从面上开展,形成对各项纪律、制度的执行情况,特别是加强对可能产生经济违规行为的工作环节,如收费、路产赔偿等的控制。

高速公路稽查工作分为内部稽查和外部稽查,即通称的“内稽查”和“外稽查”。内部稽查主要针对员工工作作风、纪律、制度执行情况,以及收费、路产赔偿等工作是否按规定程序进行和对违规行为进行制止、查处等，是高速公路稽查工作的主要内容。外部稽查主要针对恶意偷逃通行费的车辆、人员，协同高速公路执法机关进行查处，是高速公路稽查工作的重要内容。

高速公路收费稽查工作的方法、手段灵活多样，且因收费方式的不同采用的方法不同。针对人工收费方式，主要采用稽查机构（人员）定期和随机核对账、票、款，班后核对账、票、款与班中抽查核对账、票、款相结合，并对制度、纪律执行情况检查、纠正，对违规行为进行查处等。

随着科学技术的发展，IC 卡微机联网收费已经开始并将成为高速公路收费的主要方式。针对微机联网产生和可能产生的各种收费违规行为，微机收费系统在软件设计上对收费员的操作进行全程记录，对非正常车辆过站进行图像抓拍、配置功能完善的 CCTV 监视系统等，结合现代化的收费控制手段，各级稽查人员采用微机数据、图像分析、收费作业图像监视及现场稽核、异常情况追踪调查等多种稽查方法，形成对整个收费流程、全部收费操作的控制。

经济的发展、社会的进步促使高速公路管理和服务工作的内涵不断丰富，外延不断扩大。作为高速公路管理工作有机组成部分的稽查工作，也摆脱了初期单纯经济稽查的范畴，扩展为对作风纪律、员工行为形象、社会服务和整体管理工作等多方位、多角度的介入。尽管目前高速公路稽查工作机构设置、稽查范围、稽查办法等诸多问题尚处于探索、实践和不断地总结中，但高速公路稽查工作在保证营运工作质量，提升高速公路服务水平，建立科学、规范的高速公路管理工作中，发挥着日益重要的作用，已越来越被广大高速公路管理工作者重视。

六、通行费征收的理论依据

根据现代经济理论，建造与经营公益性基础设施所需要的费用，应以征税或收费的形式由全体受益对象共同负担。也就是说，服务于全社会的公共设施以及为全社会提供劳务所需的费用，应由全体社会成员共同承担。为某一特定对象服务所需的费用，则由特定受益对象负担。高速公路是为通行车辆这一特定对象服务的，因此向其使用者征收车辆通行费用于补偿投资支出与经营费用，符合“谁受益，谁负担”的经济原则。

（一）收费目的和形式

1. 收费目的

收费的目的是为了控制交通量，减少拥挤，提高现有公路使用的经济效益，其理论基础即为现代化经济学中的边际效益理论。根据这一理论，当边际效益等于边际成本时，社会有限经济资源才能得以最优配置，产生最高的资源利用效率和最大的社会经济效益。因此，可以利用价格机制的作用限制交通量，从而把交通需求控制在最经济的水平上。这个最经济的水平就是最优的拥挤水平，其条件就是确定的费率应使车辆的自付费用等于其边际成本。

2. 收费形式

高速公路因收费目的不同，常见有以下两种收费形式：

1）实行收费还贷形式

收费还贷形式收费费率的高低取决于贷款本金、贷款利率、贷款偿还期以及未来的交通量等因素。

2）实行收费经营形式

收费经营形式则应在确定合理的特许经营期和投资收益率的基础上，科学地确定收费费率。在中国，由于高速公路发展方兴未艾，建设资金相对短缺，所以扩大资金来源渠道，吸引外资和社会资金发展高速公路事业，实行特许收费经营，便成为必然选择。

（二）通行费征收的政策依据

高速公路车辆通行费征收的法律依据主要是：1999 年 7 月 31 日第九届全国人民代表大会常务委员会第十二次会议修改完成的《中华人民共和国公路法》和 2004 年 11 月 1 日颁布执行的《收费公路管理条例》。

《中华人民共和国公路法》第六章第五十八条规定：国家允许依法设立收费公路，同时对收费的公路数量进行控制。

第五十九条规定：符合国务院交通主管部门规定的技术和规模的下列公路，可依据收取车辆通行费：

由县级以上地方人民政府交通主管部门利用贷款或者向企业、个人集资建成的公路；

由国内外经济组织依法受让前项收费公路收费权的公路；

由国内外经济组织依法投资建成的公路。

第六十条规定：县级以上地方人民政府交通主管部门利用贷款或者集资建成的收费公路的收费期限，按照收费偿还贷款、集资款的原则，由省、自治区、直辖市人民政府按照国务院交通主管部门的规定确定。

有偿转让公路收费权的公路，收费权转让后，由受让方收费经营。收费权的转让期限由出让、受让双方约定，并报转让收费权的审批机关审查批准，但最长不得超过国务院规定的年限。

国内外经济组织投资建成公路，必须按照国家有关规定办理审批手续；公路建成后，由投资者收费经营。收费经营期限按照收回投资并有合理回报的原则，由有关交通主管部门与投资者约定并按照国家有关规定办理审批手续，但最长不得超过国务院规定的年限。

第六十一条规定：本法第五十九条第一款第一项规定的公路中的国道收费权的转让，必须经国务院交通主管部门批准；国道以外的其他公路收费权的转让，必须经省、自治区、直辖市人民政府批准，并报国务院交通主管部门备案。

前款规定的公路收费权出让的最低成交价，以国有资产评估机构评估的价值为依据确定。

第六十二条规定：受让公路收费权和投资建设公路的国内外经济组织应当依法成立开发、经营公路的企业（以下简称公路经营企业）。

第六十三条规定：收费公路车辆通行费的收费标准，由公路收费单位提出方案，报省、自治区、直辖市人民政府交通主管部门会同同级物价行政主管部门审查批准。

《收费公路管理条例》第一章第七条规定：收费公路的经营管理者，经依法批准有权向通行收费公路的车辆收取车辆通行费。

第二章 联网收费

【学习目标】

(1)了解联网收费的基本要素,如收费标准、车型分类标准、收费方式、通行券类型等;

(2)学会进行联网收费的网络拓扑图分析;

(3)掌握当今主流收费系统的结构组成、收费机理。

【教学活动设计】

(1)对第一章中的收费系统进行组合,形成收费网络;

(2)指导教师对联网收费网络进行结构功能剖析;

(3)让学生对收费网络进行功能改进;

(4)在实训室中,对收费网络系统进行试操作,功能演示。

第一节 高速公路联网收费

一、我国高速公路的收费现状

我国自“七五”期间修建高速公路以来,绝大多数采用封闭式的收费制式,即入口领取通行券,在出口交费。大部分高速公路根据投资渠道不同,以路段为单位各自采用半自动收费方式独立收费。近年来,随着高速公路的逐渐联网,为解决各路段独立收费带来的弊端,如多次停车、重复建设收费站等,联网收费已成为各省市高速公路收费的发展方向。目前,国内许多省市都在积极推进全省联网收费,即“一卡通”的建设工作,部分省市为解决联网收费带来的费差大,作弊欲望强等问题,已开通了部分全自动计费方式的收费系统。省域高速公路联网收费是较复杂的问题,在近期内收费系统仍将是高速公路机电系统的重中之重。

二、收费制式

收费制式是道路通行费与车辆类型、行驶里程(或占用道路资源的时间或行驶次数)和费率之间的关系,是道路通行收费的基本体制。

国内外收费道路经过几十年的发展,积累了丰富的经验,其中收费制式也产生了多种类型。应该说每种制式都有自己的特点和适用条件,应根据本地区路网特点和条件选择最经济合理的制式,不应不加分析盲目套用某种固定模式。另外,收费制式对互通立交等设施的影响很大,而且一旦确定就很难改变,因此收费制式应该在路网规划和工程项目可行性研究阶段由主体工程和交通工程专业人员共同研究决定。下面分别介绍各种制式的特点和适用条件。

(一)全线均等收费制(均一制)

均一制是最简单的一种收费制式,其收费站一般设在收费公路的各个入口处(包括主线两端入口和互通立交入口),而主线和出口都不再设站,这样,每辆车在进入收费公路时都要经过一个收费站交费,然后就可以自由行驶,不再拦阻。

均一制的收费标准仅根据车型这一个因素确定，与行驶里程无关，而且一般各个收费站都采取同一收费标准。均一制具有如下优点：

(1)不会出现漏收情况；

(2)车辆行驶收费道路只需一次停车交费；

(3)收费手续简便，效率高，每辆车平均服务时间约为8s；

(4)所需的收费广场规模较小，运营时需要的收费人员也较少；

(5)所需配备的收费设备比较简单，数量较少；

(6)可以兼顾入口交通管理，可以获取分车型入口交通量等数据。

由于均一制实行入口一次性收费，如果道路里程较长，车辆行驶里程的差距较大而交同样通行费，就显得不够公平合理。

因而均一制比较适合于里程较短，出入口(互通式立交)多而密集，车辆之间行驶的里程差距不大(10～20km以下)的收费道路。另外，对于那些交通量很大，而收费广场和互通立交的规模又受到严格限制的地方(如靠近市区的环城公路等)均一制往往比较适合。

(二)路段均等收费制(开放式)

开放式收费系统又称栅栏式收费系统或路障式收费系统。这种收费系统的收费站建在公路的主线上，距离较长的收费公路可以建多个收费站，间距一般在30～50km不等，各个出入口不再设站，这样车辆可以自由进出，不受控制，收费公路对外界呈“开放”状态。

开放式收费系统每个收费站的收费标准和均一制一样，仅根据车型不同而变化，但各站的标准则因控制距离不等可能有所区别。车辆通过收费站时需停车交费，长途车辆可能经过多个收费站而需多次交费，这样也大致体现了依据行驶距离而决定收费金额的原则。

开放式收费系统具有如下优点：

(1)收费手续简便，效率高，每辆车平均服务时间约8s；

(2)所需修建的收费站和收费车道数量较少，即收费系统的规模较小；

(3)收费设备简单、数量较少，总体来说，开放式系统经济性较好；

(4)收费站不建在互通立交处，因而对互通立交的形式没有限制；

(5)可以获取收费道路相应路段的分车型上下行交通量等数据。

这种制式的缺点如下：

(1)如在两个收费站间设有两个以上互通立交时，会出现漏收情况；

(2)和均一制相似，由于不能严格按行驶里程收费，因此收费标准的制订不能做到很公平合理；

(3)长途车辆需要多次交费，当然，如果对长途车辆实行联票制，也可以变为一次交费多次验票。

开放式收费系统主要适用于独立收费的桥梁、隧道等，另外不封闭(含有多个平交路口)的收费公路也可以采用开放式。高速公路由于交通管理的需要，一般不采用此方式。

(三)互通立交区段收费制(封闭式)

封闭式收费系统的收费站建在收费公路的所有入出口处，其中起、终点主线收费站的广场形式与开放式相似，互通立交收费站在入出匝道上，称互通立交匝道收费站。

车辆进出收费道路都要经过收费站并受控制，但在道路内部则可以自由行驶，高速公路对外界呈“封闭”状态。车辆驶入收费道路时，先要通过收费站的入口车道，领取一张通行券

(卡),上面记录着该收费站名称或编号(或称入口地址编码)等信息,当车辆驶离收费道路时,将通过当地收费站的出口车道,届时将根据车型和行驶里程停车交费。通行费根据车型和里程计算所得,每个收费站的通行费收取金额是不同的。

封闭式收费系统收费的依据是通行券(卡),为了提高通行券(卡)数据处理的准确性和效率,几十年来,国内外就通行券(卡)信息的写入和读取这一核心技术不断进行研究、更新。至今,通行券处理技术已历经打印技术、穿孔卡片方式和磁性通行券方式,目前较为普遍使用的是可重复使用的非接触式 IC 卡和条形码通行券技术等。

封闭式系统的主要优点如下:

(1)严格按车型和行驶里程收费,公平合理;

(2)全程两次停车一次交费,道路使用者易接受;

(3)可以兼顾收费道路出入口的交通管理;

(4)借助通行券(卡)上记录的信息,可以获取多种交通情报,如各出入口交通量,全线各互通立交的交通量分配等;

(5)最大限度地减少漏收费问题;

(6)可提供收费流失程度的信息。

封闭式系统的主要问题如下:

(1)出入口均需停车,入口处理效率较高,每辆车平均服务时间 6s,但出口需验卡收费,手续复杂,效率较低,平均服务时间约在 14s 以上,对交通的影响较大。

(2)每个出入口均需设收费站,因而收费站数量多,建设规模大,投资大,以人工或半自动收费方式营运所需的收费员也多。

(3)为了便于收费和交通管理,将互通立交的匝道归拢在一起建收费广场。

(4)由于收费依据车型和里程两个因素,则来自收费部门内部和道路使用者的作弊途径比单一因素(车型)多。另外,由于封闭式系统依据通行券(卡)判断里程及路径进行收费,营运时则会产生比均一制和开放式多得多的特殊情况,这些都增加了管理上的难度。

(5)所需要的收费设备比较复杂、昂贵,通行券(卡)消耗的费用也较大。总的来说,营运成本较高。

综上所述,封闭式系统的优缺点均较突出,且收费站数量越多,其优缺点越突出。一般来说,封闭式系统适用于道路距离较长、车辆行驶里程差距较大的场合。随着高速公路路网的不断扩大,封闭式收费制式已经成为我国高速公路收费的主要制式。如何克服其缺点,特别是如何减少花样翻新的作弊与逃费现象,已成为高速公路收费系统的主要问题。

在封闭式收费制式中,一个关键性的基本概念是费率。费率即是不同车型单位里程的通行费额,它是封闭式收费制式的基本参数。

(四)混合式收费制式

1. 均一制和开放式的混合形式

该收费形式以全路的互通立交为界分为左右两大路段分别收费。主线收费广场设在互通立交入出匝道之间,收取跨区段行驶的通行费,四条匝道的收费车道则分别收取某一区段的费用,跨路段行驶的长途车辆则需要再次交费。

这种混合式与封闭式相比,省去了主线两端主线收费站和互通立交的匝道收费站,并使得互通立交的形式不受限制。

这种形式的主要优点是：

(1)不会产生漏收；

(2)收费手续简便、效率高，对交通的影响较小；

(3)和封闭式相比，收费广场数量有所减少，总的收费站数和收费车道大幅度减少(约1/3以上)；

(4)部分互通立交不用建设收费站，对其立交形式不再限制；

(5)收费标准的制订基本公平合理；

(6)收费管理简化，收费设备简化，总的营运成本较低；

(7)适应分段建设和分段收费的要求。

其主要缺点是：

(1)路段内互通立交较多时，不能精确地按照里程收费，收费标准只能做到基本合理；

(2)对于长距离收费道路，长途车辆需要多次交费。

2. 开放式与封闭式的混合形式

这种形式主要用于收费公路和城市联络线。如果城市联络线需要单独收费而又较短时，宜采用开放制式，此时可以利用收费公路(封闭式导流)的主线广场和匝道广场的位置合建这种混合式收费广场。该广场的入口车道除完成封闭式入口发通行券(卡)的功能外，还收取联络线的通行费，出口车道则同时收取封闭式系统和联络线的应收取通行费。

(五)浮动式收费制式

浮动式收费是费率随时间变化而变化的收费制式。它具有对交通量控制调节的特性。一般来说，交通量具有随时空变换的特性，可利用费率这一经济杠杆，在一定程度上调节进入道路的交通量。例如，高峰交通量时段费率调高，反之则降低费率。浮动式收费制式是调节车流，改善交通拥挤状况，提高道路服务水平，鼓励使用高通过率车道的有效控制方法。

采用浮动式收费制式，应有完善的收费系统计算机网络和控制功能，收费管理中心可按照时段，实时采集道路交通数据，按照一定的控制策略，给出下一周期的收费费率值，在不同路段上，可随上行和下行交通量动态调节费率。

目前，浮动式收费制式在国内应用实例还很少。

三、收 费 方 式

收费方式是指收取道路通行费中的一系列操作过程，涉及车型的分类、通行券、通行费的计算、付款方式和停车/不停车收费等因素。每种因素又有不同形式，不同的形式组合成不同的收费方式，它们之间存在着相互关联和制约作用。根据收费过程，收费方式可分为人工收费、半自动收费、全自动计算人工找零、全自动收费等方式；从驾驶员的角度来分，可分为停车和不停车收费方式。

(一)人工收费方式

人工收费方式的收费过程全部由人工完成，即人工判别车型，人工套用收费标准，人工收钱、找零、给发票，或人工收取次数票。该方式需有较多的收费人员，可以采用监督收费人员的办法防止作弊现象。

人工收费方式的特点是除基本的收费外,它不需要任何收费设施,也无任何管理设备,投资较少,造价低;可迅速建成实施收费,在处理异常情况时有很大灵活性,但也容易产生误差和作弊行为。由于收费全过程由人工处理,在车辆行驶里程计算和车型分类上难免会产生差错,造成争吵和漏收,也很难防止作弊现象的发生。这不但给收费管理工作带来很大麻烦,而且也会造成收费收入的巨大损失。因此,如何防止漏收、闯关和作弊贪污等现象的发生,已成为人工收费管理工作一大突出难题。

(二)半自动收费方式

半自动收费方式采用人工判断车型,所有其他主要信息都由人工输入计算机,通过使用计算机、电子收费设备、交通控制和显示设施代替部分人工收费方式操作一部分工作。这种方式降低了收费人员的劳动强度,将人工审计核算、人工财务统计报表转变为计算机数据管理,使收费管理较系统化和科学化;通行费的流失大幅减少,收费漏洞得到一定程度的控制。系统的投资和造价均较高一些,目前我国的收费站绝大部分使用此种收费方式。

我国普遍采用的半自动收费方式为:人工判定车型、人工收费、计算机统计、车辆检测器计数(车辆数)、自动栏杆、电视监控。监控人员可以采用24h连续工作方式或由监控人员根据需要采用人工控制方式。电视监控部分主要用于防止收费人员在车型、免费车辆上作弊及驾驶员冲站不缴费的情形发生。

(三)自动计费人工找零方式

自动计费人工找零方式的收费过程的全部费额计算,由系统自动完成(监控人员可进行误差修正),收费人员收取现金、找零。它通过使用计算机系统、自动预分类系统、自动识别系统、自动发卡机(仅封闭式)、自动收卡机、多重车辆计数、交通控制、语音提示设施等代替人工在计算费额过程中的全部操作,收费人员只能根据系统显示的费额收取通行费后找零。这种方式的特点是几乎代替了全部人工操作,大幅度降低了收费人员的劳动强度,将费额计算和收取现金彻底分离开来,能消除人工对费额计算的影响,防止收费人员作弊和驾驶员逃费。

这种收费方式比半自动收费方式的成本高一些,但从机制上根本解决了收费人员作弊的问题。收费人员的劳动强度大幅度下降,管理人员和稽查人员的配置数量和劳动强度及管理费用明显下降。

在封闭式收费系统中,这种方式可实现入口无人值守、收费人员的数量大幅下降、管理费用大幅下降,有利于联网收费的实现。

(四)全自动收费方式

全自动收费方式收取通行费的全过程均由系统完成,驾驶员与车辆直接与系统交互,操作人员不需直接介入,只需对设备进行管理监督及处理特殊事件。全自动收费方式是在全自动计算、人工找零的基础上,采用非现金交易的方式。非现金交易的种类有很多,如储值卡、记账卡、牌照识别记账、银行信用卡、不停车车载卡等,国外也有采用投币或投代币的自动结算方式。全自动收费方式又可分为全自动停车收费方式和全自动不停车收费方式。

1. 全自动停车收费方式

全自动停车收费方式在国外广泛用于停车场,在高速公路上也有很长的历史。在国内,由于我国分类标准、管理观念等多方面的原因,一直未得到普及,直到近年来电子技术的发展,自动分类、牌照自动识别、自动收/发卡机等技术有了长足的进步,以及分类标准研究的不断深入和部分省市对分类标准的调整，再加上信用卡的普及和金融体制的改革，才使得全自动停车收费在我国发展起来，具备了推广条件。

2. 全自动不停车收费方式

全自动不停车收费方式是在停车自动收费系统的基础上增加车载卡处理单元，利用电子、计算机与通信技术，使驾驶员不需停车付费，以缓解因收费而造成交通排队现象的技术。

全自动不停车收费方式可分为单向式不停车收费方式和双向式不停车收费方式两类。

单向式不停车收费方式的基本原理是：在车上安装一个车载电子标签（车载卡）（只读），当车辆通过收费站时，车载卡发射出信号，收费站接收装置读取车载卡中的信息并进行记录，然后每一收费站点将资料回传给收费中心计算机，进行资料更新、登记等统计工作，在一段时期内，打印出每辆车使用次数与总费用，通知驾驶员缴费或从预交金中扣除。例如我国佛山大桥的不停车收费系统就采用了此种方式。

双向式不停车收费方式在单向式的基础上进行改进，不但能无线读取车载卡（可读写）中的信息；而且可无线将信息写到车载卡中。这种车载卡的出现，使得在封闭式收费系统中增加不停车收费功能，可不完全依赖于通信系统。这种车载卡也提供了更多的结算方式，比如储值卡结算方式。使用车载卡的优越性主要体现在长期用户身上，因此更为可行的收费方式应该是建立自动计费、人工找零、停车自动收费和不停车自动收费的一种混合收费方式，对于长期用户，采用车载卡，使用专用不停车收费车道；对于过路客或很少使用收费道路者，则使用其他类型的收费方式。

在高速公路网中，全部采用全自动计费、人工收费的方式是可行的，采用全自动计费、人工找零与停车自动收费方式以及不停车收费方式并存也是可行的。对于流量大、固定车流多的站点，可设置部分不停车收费专用收费车道，以解决交通堵塞，提高有限空间的利用率。

四、联网收费的内外部条件

省域高速公路联网收费的核心问题是要合理解决通行费的结算和清分，保证高速公路投资经营者的公平收益。为实现这一目标，联网收费的建设和实施需要实现一系列内部和外部条件，实行联网收费的各收费单位，其收费系统的技术标准必须统 ，在系统实施时应按照“统一规划、一次设计、分期实施、逐步联网”的指导思想进行，在其收费管理模式上，收费流程中必须统一联网收费模式。具体要求如下：

（1）路网内采用统一的封闭式收费，车型分类标准统一。

（2）系统内实行统一管理及通行费清算、付款方式统一。如果使用预付方式，需要统一发行和管理预付卡机构。

（3）采用统一标准数据文件格式的通行券（卡）。通行券（卡）类型和编码格式，以及通行券（卡）读写设备技术规格统一。

（4）采取合理的收费技术。收费处理方法、各种特殊情况处理方法统一，如对未付款车、违章闯关车的管理，对补交款车的处理，对无券（卡）车、U 形行驶、超时行驶车的处理等。

（5）收费系统各级软件结构应基本统一，IP 地址也应统一规划。

（6）收费系统各级软件应基本统一，尤其是通行券（卡）读写设备。收费车道、收费站、收费中心和结算中心之间数据传输格式和协议应统一，除此之外，拆账软件的统一和安全尤其重要。

（7）当路网内出现路径不唯一时，需解决行驶路径的确定问题。

（8）路网内收费站、车道统一编码和定义。

(9)统一关键设备的技术要求和指标。

(10)拆除不合理的收费站。

除上述内外部条件外,联网收费建设还必须考虑到收费技术的开放性,以便于联网收费系统的管理和维护,同时还应统筹规划联网收费建设的分期实施和工程建设的协调等问题,以保证后续项目的顺利接入。

五、联网收费的建设原则和技术体制

为保证实现联网收费的目标和联网收费可靠运营,联网收费建设需要贯彻规范化、可靠性、安全性和兼容性的原则。

在上述原则下,进行省域联网收费,首先必须确定采用何种收费技术体制,然后再在确定的技术体制下研究联网收费的技术方案。联网收费技术体制是指高速公路联网收费所采用的收费技术、通行券、通行费结算方式等。

(一)收费技术

目前的收费技术包括人工收费、半自动收费、电子不停车收费等,这些内容在前面已作过介绍。从技术发展和国内应用情况来看,半自动收费是目前省域联网收费较适宜采用的技术。其方式是:人工判别车型,入口发放通行券(卡),出口回收、验券(卡)、计算通行费,人工收费,计算机管理,辅以车辆检测器校核,闭路电视监视等。

对于电子不停车收费,其技术还处于发展阶段,虽然已有一些高速公路已经在试用,但在联网收费中还应进行进一步的研究,目前可采取预留车道的方式。

视条件及需要,在半自动收费方式基础上,联网收费技术还可以考虑增加自动车型判别、自动发放通行券(卡)、车牌号自动识别等技术的应用。

(二)通行券

通行券包括纸券、磁性券、条形码、接触式 IC 卡、非接触式 IC 卡等,联网收费可以采用其中一种作为通行券。但从信息包含量、安全性、处理速度等角度考虑,非接触式 IC 卡是联网收费通行券的较好选择,它还可以扩展应用,包括身份卡、公务卡、储值卡、预付卡等,可以为联网收费技术发展提供较大的空间。

(三)通行费结算方式

通行费结算方式是指所收取的通行费在联网收费系统中的哪一个环节(收费车道、收费站、收费分中心和结算中心)进行拆分。

从原理上讲,结算和拆分可在收费原始数据流经的任一节点进行,一般来说,采用车道拆分或在结算中心拆分是较为可行的选择。车道拆分过程简洁,结算中心拆分数据全面。为保证清除各路段投资者经营的疑虑,可采用结算中心拆分,或在采用车道拆分结算模式时,由结算中心进行校核确认。

六、联网收费关键技术

在确定的联网收费基本技术体制下,联网收费需要研究和制订详细的技术方案,其中有的技术是联网收费的关键,这些技术难题是否得到合理科学的解决,将直接影响到能否保证和实现联网。这些关键技术主要包括:

(1)联网收费系统编码；
(2)数据传输；
(3)通行券数据存储格式；
(4)通行券读写设备技术规格、技术选型要求；
(5)通行券发行与管理系统；
(6)联网收费系统 IP 地址分配；
(7)收费车道操作处理流程。

第二节 联网收费常识

一、联网收费的业务基础知识

(一)收费方式

根据我国高速公路收费现状，现阶段联网收费系统大部分采用半自动收费方式，即"人工判别车型、人工收费、车辆检测器校核、计算机管理、闭路电视监视"的方式。随着各方面的发展，可逐步采用半自动收费与不停车收费相结合的方式。

(二)车型分类标准

除早期开通的路段，大部分高速公路采用五类车型分类标准。

2003 年 4 月交通部发布《关于发布交通行业标准收费公路车辆通行费车型分类的通知》(交科教发[2003]143 号)，要求各地自 2003 年 10 月 1 日起，执行交通行业标准《收费公路车辆通行费车型分类》(JT/T 489—2003)，如表 2-1 所示。

部颁收费公路车辆通行费车型分类　　表 2-1

类别	车型及规格	
	客车	货车
第一类	≤7 座	≤2t
第二类	8～9 座	2～5t(含 5t)
第三类	20～30 座	5～10t(含 10t)
第四类	≥40 座	10～15t(含 15t)、6.1m(合 20ft)集装箱车
第五类		>15t、12.2m(合 40ft)集装箱车

25t 以上重车须按重车通行规定办理手续，通行费按一类车标准乘以重车实际吨位征收。

对于货车，为了体现公平性原则和车辆对高速公路的破坏程度，则按实际载重吨位称重进行收费。

(三)付款方式

现阶段采用现金支付方式为主，预付卡、记账卡以及不停车收费等方式为辅的方式，等条件成熟后，系统可进行以不停车收费为主的改造。

(四)通行券标准

采用非接触式 IC 卡作为通行卡(券)，应符合交通行业标准《公路收费非接触 IC 卡》(JT/T 452—2001)的要求。

（五）车种的划分

联网收费处理的车种应分为普通车、工作用车、军警车、违章车、紧急车、优惠卡车、预付卡车、记账卡车及鲜活车等。

1. 普通车

普通车是指按规定应该缴纳通行费，并遵守收费流程的车辆。

2. 工作用车

工作用车是指各路公司内部使用并进行统一管理以及享有免费资格的交通执法车等车辆。

3. 军警车

军警车是指军队和武警的车辆。

4. 违章车

违章车是指未按收费业务流程完成收费作业而触发车道报警的车辆。

5. 紧急车

紧急车是指执行紧急特殊任务的消防、公安、医疗、救护、抢险救灾等车辆，以及特许免费通过的军队。

6. 优惠卡车

优惠卡车是指路网内与路公司签订了优惠协议的车辆。优惠协议包括在规定的时间及路段范围内对通行费的折扣，以及月票、季票、年票的使用等。

7. 预付卡车

预付卡车是指车辆预先购买预付卡，在出口收费站，其通行费可从预付卡的账户内扣除、无需缴纳现金。根据现阶段联网收费的情况，建议暂不实施预付卡的业务。

8. 记账卡车

记账卡车是以公司为单位提前预付通行费后，为该公司发放一定数量的记账卡，持记账卡的车辆，其通行费从预付的通行费中扣除。

9. 鲜活车

鲜活车是指符合相关规定的运输农副产品的车辆。该种车辆根据相关规定可以免费使用高速公路。

第三节　联网收费计算机网络系统

一、网络组网技术

联网收费计算机网络系统设计，应遵照先进性与实用性、可靠性与安全性、经济性与可扩展性相结合的原则，采用开放式的体系结构。联网收费计算机网络系统是由若干层次局域网和这些局域网相互间的广域网组成。

广域网结构采用树状星形拓扑结构，网络协议宜选用 TCP/IP，技术宜选用 ATM over

SDH、帧中继交换技术或IP路由技术。为保证联网收费系统运行的可靠性和安全性,应配套建设宽带高速的专用通信系统。专用通信系统规划、设计与实施应满足联网收费系统的组网要求。

局域网应采用高速网络技术,如快速以太网或千兆以太网等。各联网收费系统需要对本网计算机IP地址做出统一规划,避免IP地址冲突。IP地址使用范围为10.0.0.0~10.255.255.255。

收费系统各层次局域网服务器、电源、网络等宜采用双机热备份工作方式。网络通信链路宜采用备份的多种传输媒介组成的多路由制,分别复连到主/备用设备。配备可靠性高、安全性好,具有连续品牌的设备。各层次局域网具有较强的独立工作能力,要求在恶劣的工作环境下,仍能保证正常运行。收费车道系统具有独立工作和降级使用功能,并至少能保存40天的收费数据,网管系统应能对本身网络节点、通信设备、网络用户进行实时的状态或操作权限监控和管理。

系统应有足够的数据存储空间,以保证收费基础数据存储的完整性,适应运营管理查询、统计分析的需要。表2-2列出了各级计算机硬盘的最小保存时间。

收费数据、文件在计算机硬盘的最小保存时间　　表2-2

序号	数据、文件类别	收费车道	收费站	收费中心	结算中心
1	收费原始数据	40d	40d	40d	1年
2	班次报表	40d	40d	40d	1年
3	日报表	1年	1年	1年	1年
4	旬、月报表	2年	2年	2年	2年
5	年报表	5年	5年	5年	5年

对系统和网络的安全必须有严密的安全保护措施,具体如下:

(1)建立健全系统和网络安全规章制度,配合管理手段加强对操作人员安全观念、法制观念教育,要建立适当的安全级别。

(2)在公用传输线路的网络出口处设置防火墙,Internet网站采取物理隔离并脱机运行,应非常有效地防止黑客侵入。

(3)收费系统网络应采取三级安全控制,即网络安全级、计算机安全级和用户安全级。

(4)访问权限的设置应由网络管理中心统一处理,限制网络中非法用户的访问。

(5)对收费数据传输应采取两种途径进行控制,一是需要对整条信息的完整性、真实性进行控制;二是需要对信息中敏感的数据单元采取特殊的加密措施,如采用DES算法进行数据加密。

(6)切实做好计算机病毒防御工作。

二、收费结算中心系统构成与功能

(一)收费结算中心系统构成

根据收费公路联网规模的大小、所在地区交通量大小,所采用的收费技术(人工半自动、自动计费的人工找零/停车自动收费/不停车收费)可因地制宜地选择系统构成模式,并且根据收费业务处理量做好分期实施计划。当联网收费系统中使用预付卡或电子不停车收费时,建议采用双机热备份小型机服务器并配置磁盘阵列和带光纤环的热备份交换机。具有收费结算功能的各层次收费计算机系统应符合下列系统构成和功能要求。

1. 系统构成

收费结算中心系统宜采用千兆以太网(或快速以太网)技术作为网络的主干网,开放式网络构架,可根据功能需求和收费处理业务量的增加,方便升级与扩展。该系统由小型机主服务器、通信服务器、访问服务器、主交换机、工作站[通行券(卡)管理、票据管理、财务管理、拆分与结算业务、网管、运行监视、开发、数据备份]、路由器、打印机、磁带库和UPS电源等组成。

2. 结算中心系统的扩展

(1)联网收费系统中使用非接触式IC通行卡,需增加IC卡发卡中心计算机系统,该系统由交换机、服务器、通信计算机、管理计算机、IC卡初始化和发卡设备、打印机、数据备份设备等组成。

(2)使用预付卡付款方式,需增加与预付卡发卡银行的数据交换接口和预付卡管理计算机。

(3)对于不停车收费方式,需增加车载卡(电子标签)发行中心计算机系统,该系统由交换机、服务器、通信工作站、管理工作站、打印机、数据备份设备等组成;需增加客户服务中心,它包括对各POS点的管理,为用户提供查询、安装、维修和投诉服务等;增加Internet网站,需物理隔离并脱机运行;增加抓拍图像处理系统,需要高速率的专用通信系统支持,该系统由交换机、服务器、图像管理工作站、打印设备、图像备份设备等组成。

(二)结算中心功能

1. 基本功能

(1)制订和下传联网收费系统运行参数(费率表、同步时钟、系统设置参数等)。

(2)接收收费站上传的收费交易数据和通行费拆分数据。

(3)接收收费中心上传的收费交易统计数。

(4)通行费的拆分与结算或校核。

(5)联网收费系统操作、维修人员权限管理。

(6)票证(收据、定额票)的管理。

(7)数据库、系统维护、网络管理等。

(8)汇总、统计和生成收费、管理、交通等报表(时间段、班次、日、月、年)。

(9)数据存储、备份和安全保护。

(10)通信网络的统一网管。

2. 扩展功能

(1)非接触式IC卡的管理:IC卡通行券的发行、配送、使用监控管理。

(2)预付卡管理:预付卡黑名单的管理,与预付卡发行商业银行进行数据交换,预付卡收费金额的账务分割。

(3)电子不停车收费:车载卡(电子标签)黑名单的管理,与车载卡(电子标签)发行商业银行进行数据交换,电子不停车收费金额的账务分割,客户服务(销售、安装、维修管理、资料查询)。

(4)Internet网站:客户服务(资料查询、网上购车载卡等),省收费结算中心信息发布。

(5)抓拍图像处理系统:图像文档的查核、备份,打印违章车辆图像等。

三、收费中心系统构成与功能

（一）收费中心系统构成

收费中心计算机系统一般采用双绞线星形开放网络结构，选用 10M/100M 双速以太网局域网技术。该系统主要由服务器、交换式集线器、客户机（收费管理、财务管理）、路由器、打印机、数据备份设备和 UPS 电源等组成。对于封闭式收费系统，根据需要可增加通行卡管理工作站、图像采集工作站。如果收费中心管辖的收费站和车道较多，或联网收费系统中使用预付卡、电子不停车收费系统时，应采用双机热备份服务器并配置磁盘阵列，或采用小型机服务器。

（二）收费中心主要功能

1. 基本功能

（1）接收和下传联网收费系统运行参数（费率表、黑名单、同步时钟、系统设置参数等）；

（2）收集管辖区每一收费站上传的数据与资料；

（3）处理收集到的数据与资料，形成各种统计报表和屏幕显示；

（4）上传有关数据和资料至收费结算中心；

（5）票证（收费收据、定额票）的管理；

（6）联网收费系统中操作、维修人员权限的管理；

（7）数据库、系统维护、网络管理等；

（8）数据、资料的存储与备份和安全保护。

2. 扩展功能

（1）非接触 IC 卡的管理：IC 卡调配、IC 卡的查询与流向跟踪管理等；

（2）抓拍图像的管理：图像文档的查核、备份，打印违章车辆的图像等。

四.收费站系统构成与功能

（一）收费站系统构成

收费站（包括收费车道）是联网收费系统的重要组成部分，本级以上各层均为管理系统，本级为直接监控级，处理车道级的各种异常情况，其系统构成一般采用双绞线星形开放网络结构，选用 10M/100M 双速以太网局域网技术。由服务器、交换式集线器、客户机（收费管理、车道运行监视、财务管理）、路由器、打印机、数据备份设备和 UPS 电源等组成。对于封闭式收费系统，增加图像处理工作站和图像存储设备。如果联网收费系统中使用不停车收费系统时。应采用双机热备份服务器并配置磁盘阵列或小型机服务器。收费站与收费车道之间的网络连接方式可根据实际情况参照表 2-3 选用。

（二）收费站主要功能

1. 基本功能

（1）实时采集收费车道每一条原始数据；

（2）对收费车道的运行状况实施实时检测与监视，且有故障自动检测功能；

（3）向收费中心/收费结算中心传输业务数据（收入、交通、管理）；

收费站与收费车道间的连接方式 表 2-3

通信方式	超5类非屏蔽双绞线或 5类非屏蔽双绞线	10M 单模光纤或 100M 单模光纤	100M 多模光纤
适用条件	①收费站交换式集线器与车道工控机网卡间的实际距离小于 100m； ②雷电和其他干扰少，或者有良好的防雷电、抗干扰措施	①收费站交换式集线器与车道工控机网卡之间的实际距离大于 2km； ②雷电、干扰多发区； ③收费车道有可靠的 UPS 电源给车道集线器供电	①收费站交换式集线器与车道工控机网卡之间的实际距离大于 100m 且小于 2km； ②雷电、干扰多发区； ③收费车道有可靠的 UPS 电源给车道集线器供电

(4)接收收费中心下传的系统运行参数(费率表、同步时钟、系统设置参数等)，并下传给收费车道；

(5)收费员录入班次的收费额；

(6)值班员录入班次的收费额；

(7)值班员录入欠款补缴和银行缴款数据；

(8)票卡的管理。

2. 扩展功能

(1)IC 卡的管理，IC 卡的站内调配，IC 卡流失的管理；

(2)抓拍图像的采集与管理：图像文档的生成与上传，图像文档的备份、核查与打印；

(3)系统中使用储值卡或不停车收费系统时，接收收费中心下传的通行费拆分表，并将拆分表下传给各级收费车道(车道拆分)，进行通行费的拆分与统计。

五、收费车道系统构成与功能

(一)收费车道系统构成

1. 封闭式入口车道

1)基本构成

封闭式入口车道由车道控制器(工控机)、收费员终端(显示器、专用键盘)、通行卡发卡装置(IC 卡读写器)、车辆检测器、自动栏杆、车道通行灯、雨棚信号灯和手动栏杆等组成。车道控制器应具有人工半自动收费通行卡发卡接口，可预留储值卡读写器和不停车收费无线读写器的两个接口(硬件、软件)。通行卡和储值卡可共用一个读写设备。

2)可选车道外设

它包括车牌照自动识别系统、车型自动分类系统、自动发卡系统、图像抓拍装置、声光闪光报警器、车辆分离器、脚踏报警系统、内部对讲机及内部电话系统。

2. 封闭式出口车道

1)基本构成

封闭式出口车道由车道控制器(工控机)、收费员终端(显示器、专用键盘)、通行卡读写装置、车辆检测器、自动栏杆、费额显示器、票据打印机、车道通行卡、雨棚信号灯和手动栏杆等组成。车道控制器应具有两个人工半自动收费 IC 卡读写装置接口和两个预留储值卡读写器接口及一个不停车收费无线读写器接口(软、硬件)。通行卡和储值卡可共用一个读写设备。

2)可选车道外设

它包括车牌自动识别系统、自动收卡装置、车辆自动分类系统(入口配置时,出口可不选)、车型分类显示器、图像抓拍装置、声光闪光报警器、车辆分离器、挡车器、脚踏报警系统、内部对讲机及内部电话系统。

(二)人工半自动收费车道的功能

1.主要功能

(1)按车道操作流程正确工作,并将收费处理数据实时上传收费站计算机系统。

(2)接收收费站下传的系统运行参数(同步时钟、费率表、拆分表、黑名单和系统设置参数等)。

(3)对车道设备进行管理与控制,具有设备状态自检功能。

(4)可保存一个时间段的收费数据(最短40天),可降级使用,但不丢失数据。

(5)通信中断时具有后备独立工作能力。

(6)为车辆提供控制信息。

(7)将各种违章报警信号实时传送到收费站计算机系统。

2.收费车道操作流程

(1)联网收费系统中车道操作流程必须完全相同,对车型、车种的识别标准应一致。

(2)封闭式入口收费车道的基本操作流程应包括:正常车、军警车、公务车、紧急车、特殊车(如鲜活农产品车等)、车队、违章车、预编信息通行卡、再发卡、车型变更等。

(3)封闭式出口车道收费基本操作流程应包括:正常车、车型和车种不符、无支付或不足支付(欠款)、军警车、公务车、特殊车、紧急车、车队、拖车、违章车、预编信息通行卡、无通行卡、无效通行卡、不可读通行卡、"U"形行驶、超时等。在自动计费方式下还应能处理牌照不符等问题。

第四节　高速公路联网收费管理

一、高速公路联网收费的意义

近年来,随着高速公路建设的快速发展,对高速公路管理手段现代化的要求也越来越高。"贷款建路,收费还贷"已成为高速公路建设和管理的一个主要形式,因此高速公路收取通行费是高速公路管理的一个重要内容。由于市场经济和科学技术的大力发展,以及高速公路建设主体的多元化,高速公路联网收费是高速公路收费模式发展的必然趋势。交通部于2000年10月1日公布实行的《高速公路联网收费暂行技术要求》规定,"高速公路应首先实现省内联网收费,逐步实现省际联网收费,为全国联网收费电子货币化做好基础工作。"

实现高速公路联网收费的意义和必要性如下:

(1)高速公路联网收费可提高高速公路的使用效率和车辆通行能力,缩短行车时间,可充分发挥高速公路高效、快捷的特点;

(2)高速公路联网收费可提高高速公路收费管理水平,减少许多中间主线站收费,降低运营成本,堵住收费管理的漏洞,防止资金的流失;

(3)高速公路联网收费可以对全路网进行监控，从而大大提高了指挥、处理突发大型交通事件的能力；

(4)高速公路联网收费可提高高速公路服务质量，方便车辆通行，使车辆运行更加快捷、安全；

(5)高速公路联网收费可节约收费站和各种设备的投资，减少对收费人员的费用开支；

(6)高速公路联网收费减少车辆停车的次数，从而减少汽车尾气排放，减少环境污染；

(7)高速公路联网收费还可解决目前其他收费模式中存在的诸多问题，处理好高速公路服务与收费的关系，扭转人们心目中高速公路到处设卡收费的不良形象，会产生巨大的经济效益和社会效益。

二、高速公路联网收费及其具体内容

高速公路联网收费实行"一卡通"或"一票到底"，简单地讲，就是在某一区域的高速公路路网内，主线不设收费站，只在匝道设收费站，道路使用者只需在入口领卡(停一次车)、出口交费(停一次车)，就可以到达路网内的任一目的地。收费介质为非接触IC卡，采用人工判断车型、人工收费、计算机管理的半自动收费模式，并逐步实现储值卡的开发、利用，充分考虑系统的扩展性和平滑升级能力。

高速公路收费系统采用收费总中心(清分中心)—收费中心—收费分中心—收费站—收费车道，共5级计算机网络系统结构；采用TCP/IP协议，依托先进、可靠的通信系统网络平台进行数据传输；采用收费站数据直传收费总中心的方式，对通行费进行集中清分。收费总中心主要包括清算中心、IC卡管理中心和收费管理中心。清算中心是"一卡通"收费系统的核心部分，它实时接收收费站收费业务原始交易数据，同时进行通行费清分。IC卡管理中心主要对全网使用的IC卡通行券进行统一标准、统一发放和统一管理。收费管理中心主要对全网的收费业务进行应急处理、统计、分析、管理，还为收费系统提供统一的基准时间，保证收费系统时间统一。

收费中心主要对所辖各收费分中心收费业务进行处理、统计、分析、管理，负责接收收费分中心上传的收费数据并向总中心传送有关汇总数据；接收总中心下传的系统配置参数并下发给辖区内的各分中心。

收费分中心主要对所辖各收费站收费业务进行处理、统计、分析、管理，同时负责对其辖区内的收费站进行管理和监控，接收收费站上传的收费数据并向上级中心传送有关汇总数据；接收上级中心下传的系统配置参数并下发给辖区内的各收费站。

收费站负责管理收费车道的收费工作，并对收费车道的运行情况进行监视，在业务上接受收费分中心的管理。它负责接收车道控制机传送的收费数据并将收费原始数据直接上传至收费总中心；收费站对本站收取的通行费有清分功能，并可将有关数据汇总后传至收费分中心；收费站接收收费分中心下发的系统配置参数并下发给各收费车道。

车道控制系统具体完成入口发卡、出口验卡收费、控制车道设备、采集收费数据等功能，并将收费业务数据和交通量基础数据实时上传收费站；能根据车牌号、通行卡号向总中心实时查询入口车辆信息。

高速公路联网收费系统建有较为完善的收费车道、收费站、分中心、中心、总中心，共5级收费闭路监视、图像抓拍系统，采用车牌号手工输入技术，对收费业务进行有效的监控和稽查。

三、高速公路联网收费管理

高速公路收费系统是高速公路的重要组成部分，是高速公路业主收回投资的媒介。目前封闭式高速公路收费系统的手工收费一般基于通行票的形式，利用通行票来标识车辆，在高速公路出口根据在通行票中记录的车辆进入高速公路的入口和时间等信息进行收费。由于目前手工收费采用的通行票未记录车牌号码信息，因此不同车辆之间可以通过交换通行票来逃避应缴的行费，并且很难被发现。此外，由于收费员对收费过程具有很大的自主性，因此也存在实施舞弊行为的可能。事实上，目前高速公路通行车辆的逃费和收费员的舞弊行为频频发生，严重损害了业主利益。这种现象在没有车牌辨识系统的收费系统中很难发现和加以限制。

高速公路联网收费对高速公路收费运营管理作用巨大，可有效地防止人工收费方式下的弊端现象的发生，规范收费行为，提高工作效率和服务水平，效益显著。当联网收费系统用于高速公路收费时，高速公路入口收费系统可以在通行卡（或纸票）上保存识别出的车牌号码及车牌图片的相关信息，在高速公路出口利用对车牌号码进行匹配，判断通行卡（或纸票）代表的入口车辆是否为出口车辆，可以有效地发现和避免换卡行为。同时联网收费系统摄取的车牌图像和识别出的车牌号码成为管理、查询通行车辆的重要途径，可以有效地加强收费管理，限制和发现收费员的舞弊行为。

联网收费的实施和管理，必须解决省域路网车辆通行费管理中的行业规范和业务统一问题。具体应抓好三个方面工作：一是路网收费站设施和环境建设，应有统一的规划和标准，达到文明窗口服务内容公平、服务技术先进、服务管理功能齐全和满足集体生活、半军事化管理的要求；二是要对全省实施的收费管理职能，收费系统软件，收费管理的法律、法规、规章、制度、规定，收费车型分类，收债标准，收费站（点）设置，收费期限，收费票证，各类人员岗位职责，劳动纪律，服务内容标准，工作流程，运行机制，管理目标等进行统一规范；三是征收管理、业务建设、内业基础工作绩效评比以及窗口各项创建工作要坚持与时俱进，体现科学理念。路网收费站要建立起良性互动、协调一致、互相配合、公平竞争的激励和约束机制，充分发挥管理的整体效益，努力塑造文明窗口形象。

第三章　收 费 标 准

【学习目标】

(1)熟悉常用的收费标准表示方式,会进行简单的收费标准测算;

(2)能看懂收费费率表,收费车型表等收费文件;

(3)明确收费的费额产生的因素,掌握收费过程中需要收集哪些主要数据。

【教学活动设计】

(1)根据给定的数据和在实际路段进行交通流量调查所得的数据,计算一条新开道路的收费标准;

(2)指导教师向学生说明收费标准表格表示方法后,让学生把计算好的收费标准用表格表示出来并进行说明。

第一节　收费费率及收费标准

收费费率是指界定在一定范围内的通行费收取单价依据,单位为元/(t·km),也叫标准基价。如四川省高速公路现有收费费率:一类车为0.28~0.32;二类车收费费率为0.56~0.64;三类车收费费率为1.15~1.28;四类车收费费率为1.68~1.92;五类车收费费率为2.24~2.56。

根据各类车型的收费费率乘以收费路段的里程数,以一定的取舍原则得到收费标准。

根据物价局的批准,各高速公路的收费费率有所不同,因此收费标准也有差异。表3-1为某道路车辆分类及收费标准。

某道路车辆分类及车公里收费基价、隧道通行费标准　　表3-1

车 辆 类 型	车辆分类标准	折算载重吨(系数)	隧道通行费(元/车次)
一类客货车	8座(含8座)以下轿车、越野车、面包车、旅行车;1t(含1t)以下小货车	1	2
二类客货车	9~30座(含30座)客车;1~3t(含3t)货车	2	4
三类客货车	31~50座(含50座)客车;30铺位以下卧铺车;国际标准集装箱车;3~5t(含5t)货车	4	8
四类客货车	50座以上客车;31铺位以上卧铺车;5~15t(含15t)货车	6	12
五类货车	15~25t(含25t)货车	8	16

注:1. 总质量超过25t的重型汽车,按路政管理有关规定办理审批手续后方可通行。

2. 所有车辆的吨(座)位核算均不分空、重车,以行驶证核定数为准,无核定座位的客车,比照同类型货车底盘标记的载质量核定分类。

例如:一辆轿车行驶里程数为133.62km,收费费率为0.28元/(t·km),则通行费为:

$$0.28 \times 133.62 = 37.42(元)$$

按现有物价局批准的取舍原则是7舍8入10取整,那么这辆轿车的通行费应为35元。

第二节　货车计重收费标准

一、货车超限运输的危害性及货车计重收费的必要性

(一)货车超限运输的危害性

(1)加速道路设施的损害。车辆超限超载会严重破坏公路桥梁、路面和其他交通设施,使公路的使用寿命大大缩短。

以四川成雅高速公路为例,日均车流量为2万辆/日,货车的车流量占37.8%左右,由于超载超限现象十分普遍,导致车型变异后所折算的车流量是现有统计数的1倍以上,使道路的使用频率加大;成雅路路面的设计使用寿命是15年,由于货车超限运输不得不将路面大修时间提前5~8年。

(2)造成严重的交通事故隐患,货车超载超限运输事故约占交通事故总次数的1/3以上。

(3)造成通行费损失。货车超限超载对公路损害,同时现有的公路通行费收取办法,不分空载、满载车辆,一律按现有车辆类型收取通行费。超限超载越严重,各高速公路公司的通行费收入损失越大。

(二)货车计重收费的必要性

对货车实行计重收费,能够加快高速公路建设费用的还款期限。将经济手段和行政措施相结合,实行"标准车型、标准装载,标准收费;标准车型、超载装载,超额收费;超限车辆,加重收费",利用经济手段达到遏制超载、超限运输,维护公路运输市场秩序,确保道路交通安全的目的。

二、货车计重收费的定义

计重收费是根据车辆通行时车货实际总质量划分车辆类型,对应收费标准及行车里程收费。具体做法是:在收费站口安装先进的计重收费系统,对货车的轮轴数、车货总质量、是否超限及超限的比例进行自动检测和分类,通过电脑计算通行费并打印票据。车辆从进场到购票、出站时间与现行收费方式所需的时间相当。

三、货车计重收费的计算方式及基价标准

根据交通部《超限运输车辆行驶公路管理规定》和国家计委、交通部《公路汽车征费标准计量手册》的规定,结合各地现行收费标准,按计重分类调整车辆类别,确定收费标准。

(1)所有载货车辆,以计重质量对应车型分类。

(2)依据国家计委和交通部颁发的《公路汽车征费标准计量手册》,将车辆分类及车公里收费基价中的"折算载重吨位"的标准,结合公路交通部门、公安交管部门对货车运输管理的执行标准,重新确定货车标准计重吨位。即:

$$\text{标准计重吨位} = \text{空车质量} + \text{准载质量} \times (1 + 0.3) \tag{3-1}$$

(3)计重收费车辆分类及标准见表3-2。

高速公路车辆分类及车公里收费基价标准 表3-2

类别＼车型	货车分类标准	车公里收费基价(元)
一类车	5t以下(含5t)	0.26
二类车	5~12t(含12t)	0.494
三类车	12~24t(含24t)	0.936
四类车	24~36t(含36t)	1.326
五类车	36t以上	1.664

注:1. 计算车辆通行费时,以元为单位,按"四舍五入"收取。

2. 二至五类车按5%的比例依次降低收费基价。

3. 国际标准集装箱车按三类车标准收取车辆通行费。

第三节　收费车辆的分类

汽车已渗透到现代社会活动的各个方面,而且种类繁多,掌握汽车的基本知识及分类是收费员进行通行费征收工作的基础。

一、汽车的分类

汽车一般可按用途、动力装置、道路特征和行驶机构特征进行分类。

1. 按用途分类

按照用途,汽车可分为运输汽车和特种用途汽车两大类。其中运输汽车包括轿车、客车、旅行车和货车;特种用途汽车主要执行运输以外的特殊任务,因此常装设不同的专用设备以便进行某种特定的作业。特种用途汽车包括建筑工程用车,如起重车、挖沟车、埋管车、混凝土搅拌车等,还包括市政和公用事业用车,如清扫车、医疗车、消防车、流动售货车等,以及特别为农业生产设计的农业作业车以及专供运输和竞赛用的竞赛汽车等。

(1)轿车:是指用于载运少量人员(不超过9人)及其随身行李的汽车。按发动机的工作容积(汽缸排量)分以下几个等级:超微型车(0.6L以下)、微型(1.0L以下)、中型(1.6~2.5L)、大型(2.5L以上)。

(2)客车:是用于载运较多人员及随身行李(或货物),有9个以上座位的汽车。

(3)旅行车。

(4)货车:是运输货物的汽车,按装载质量分为轻型货车(3.5t以下)、中型货车(4~8t)和重型货车(8t以上)。轻型和中型货车通常是二轴四轮车,而重型货车由于轴荷的限制,通常采用三轴四轮形式。

2. 按车用动力分类

它是指根据内燃机的种类和燃料的不同来分类。

3. 按行驶道路条件分类

按照行驶道路条件,汽车主要分为公路用车和非公路用车两类。

4. 按行驶机构特征分类

按照行驶机构特征，可分为轮式汽车、履带式汽车、雪橇式汽车、螺旋推进式汽车、气垫车、水陆两栖车、车轮—履带式汽车、步行机构式汽车等。

二、货车轮轴标准图解

在全国开展车辆超限超载治理工作期间使用的超限超载车辆认定标准如图 3-1 所示。

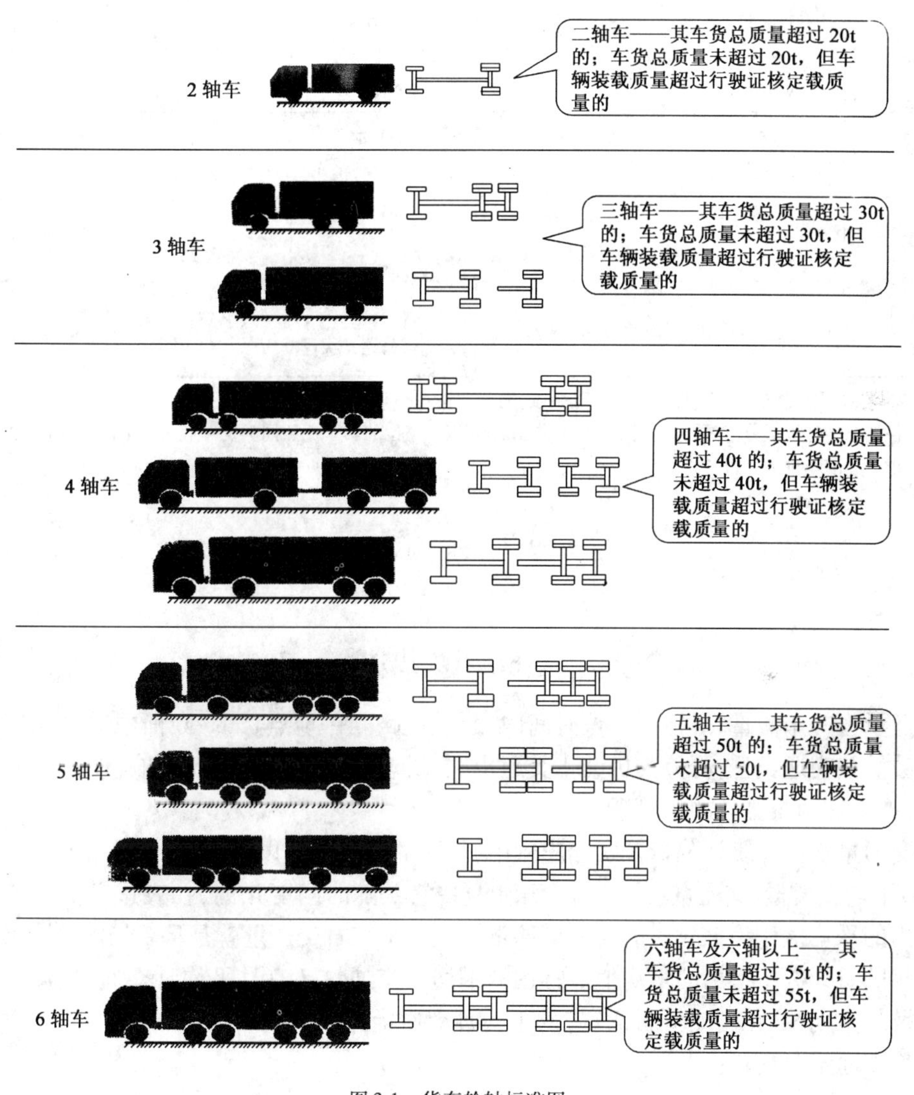

图 3-1　货车轮轴标准图

三、收费车辆的分类

(一)现有通行费车型分类及标准

现有通行费的收取是根据通行车辆的荷载和(座)位核算的，不分空车、重车，以行驶证核定数为准；无核定座位的客车，比照同类型货车底盘标记的载质量核定，确定通行车辆的分类，如表 3-3 所示。

车型分类及标准 表 3-3

类别	高速公路		一般等级公路		收费系数（折合为 t）
	客车	货车	客车	货车	
一类	≤8 座	≤1t	≤8 座	≤1t	1
二类	9～30 座 ≤20 铺位卧铺车	1～3t （含 3t）	9～30 座 ≤20 铺位卧铺车	1～3t （含 3t）	2
三类	31～50 座 21～30 铺位 （卧铺车）	3～5t （含 5t）	31～50 座 21～30 铺位 （卧铺车）	3～5t（含 5t）	4
四类	≥51 座 ≥31 铺位卧铺车	5～15t （含 15t）	≥51 座 ≥31 铺位卧铺车	5～15t （含 15t）	6
五类		15～25t （含 25t）		15～25t （含 25t）	8
收费标准（基价）	一类车 0.28～0.35 元/(t·km)		一级公路一类车 0.20 元/(t·km) 二级公路一类车 0.15 元/(t·km)		

注：1. 25t 以上重车须按重车通行费规定办理手续，通行费按一类车标准乘以重车实际吨位征收；

2. 各类车型计算不分空、重车，以行驶核定数为准，无核定座位的客车比照同类货车底盘标记的载质量核定分类；

3. 收费标准基价为各级公路的中值。

第四节 交 通 量

一、交通量及其分类

交通量也叫车流量，是指在单位时间内，通过道路某一地点、某一断面或某一条车道的交通实体数。按交通类型，可分为机动车交通量、非机动车交通量，一般不加说明则指机动车交通量，且指来往两个方向的车辆数。

在交通量观测和统计分析及实际应用中，常见的交通量有以下几种。

（1）平均交通量：交通量不是一个静止的量，它是随时间变化的，在表达方式上通常取某一时段内的平均值作为该时段的代表交通量。如年平均日交通量就是将一年内的交通量总数除以当年的总天数所得出的平均值。常用的平均日交通量还有月平均日交通量、周平均日交通量以及任意期间（依特定分析而定）的平均日交通量等。

平均交通量表达式：

$$平均日交通量(\text{ADT}) = 1/n \sum Q_i \tag{3-2}$$

式中：Q_i——计算期内各单位时间的交通量；

n——计算期内的单位时间总数。

由此推出：

$$年平均日交通量(\text{AADT}) = 1/365 \sum Q_i \tag{3-3}$$

$$月平均日交通量(\text{MADT}) = 1/30 \sum Q_i \tag{3-4}$$

$$周平均日交通量(\text{WADT}) = 1/7 \sum Q_i \tag{3-5}$$

(2)高峰小时交通量:它是指一天内的交通高峰期连续1h的最大小时交通量。

(3)第30位小时交通量:它是指将一年8 760h的小时交通量,按大小次序排列、从大到小排序号为前30位的小时交通量。

二、交通量的变化特征和构成特征

1. 变化特征

交通量不是一个静止不变的量,而是随时随地处于变动之中,具有随时间和空间的不同而变化的某些特征。掌握交通量的变化规律,对组织运输生产、实施营运管理、运政管理以及交通设施、交通管理和交通安全有着重要的意义。

2. 构成特性

交通量的构成是指交通量中各种交通工具(机动车、非机动车、客车、货车;大、中、小客货车;公交车、出租车、摩托车等)所占数量和比例。

在高速公路、一级公路上主要行驶的车辆有小汽车、客车、大中小货车、集装箱车等,不允许拖拉机、摩托车、机动三轮车以及低性能汽车等车辆上路。

分析交通量的构成特性是确定道路功能、性质和制定交通管制策略、措施的重要依据。

三、交通量调查方法

(一)交通量调查的步骤

(1)明确调查范围、调查目标和预期成果;

(2)划分调查区间,设置流量观测站;

(3)组织实施观测,收集原始数据;

(4)进行资源整理、计算、汇总和上报。

(二)观测站的分类

根据观测站的功能不同,可以分成下面几种观测站。

1. 连续观测站(永久性观测站或控制性观测站)

设置连续观测站的目的在于获取全年完整的交通量数据,摸清交通量的变化规律,求出交通量的各种变化系数,供其他仅有局部数据的观测站或条件类似的路段推算年平均日交通量之用。同时,为简化观测工作量,在连续观测站,每天昼夜连续观测24h,来往车辆不分,合并记数,按小时记录各种车型的绝对数,然后换算成解放牌中型载货汽车的换算汽车车辆数。观测结果按业务领导部门的要求填表上报,并绘制交通量分布示意图。图上应包括混合交通量、汽车交通量(绝对数和换算数)和路线技术等级允许的交通量等数据。

2. 间隙观测站

间隙观测站是连续观测站的辅助性观测站,与连续观测站设在同一公路的不同路段上,或设在性质相似的不同公路上。在间隙观测站上每月观测1~3次,具体日期可自行规定。凡经过长期观测已得出白天交通量比重,即K_{16}系数者,可只在白天观测12~16h,12h观测是从7时至19时,16h观测是从6时至22时。观测所得到的资料,可配合连续观测站分析路段的交通量变化规律,推算本站的年平均日交通量。围绕一个连续观测站可设几个甚至十几个间隙观测站。在间隙观测站上的观测内容与填报要求与连续观测站相同。

3.补充观测站(临时观测站)

如果需要观测某一路段或某一交叉口的交通量,而该处原来未设观测站时,可临时补充设立的观测站,完成观测任务后,观测站就撤除。

(三)交通量的调查方法

(1)人工观测法:调查人员在规定的日期和时间,守候在指定的路段观测,记录通过道路某处的交通量。按现行收费车辆分类或交通部车辆分类进行分类登记。

(2)自动计测法:利用自动计测仪进行数据采集。当实行联网收费后,系统可以自动按设置的分类标准统计车流量。

(3)乘观测车调查法(略)。

四、交通量的统计和不同类型车辆的换算

(一)交通量的统计

统计数据必须真实、准确,通常分为站口流量、主线流量、专项流量三种。

(1)站口流量按收费标准确定类型进行统计。

(2)主线流量按交通部确定的车型标准进行统计。

(3)专项流量根据需要进行不同类型的统计,由统计单位临时确定。

(二)不同类型车辆的换算

(1)小型载货汽车:载质量为2.5t的带货箱的小货车,其折算系数为1。

(2)中型载货汽车:载质量为2.5~7t的带货箱的中型货车,其折算系数为1。

(3)大型载货汽车:载质量为7t以上的大型货车(包括吊车),其折算系数为1。

(4)小型客车:小于20座的面包车以及小轿车,其折算系数为0.5。

(5)中型客车:20座以上的客车,其折算系数为1。

(6)载货拖挂车:拖挂车、炮架车、平板车,其折算系数为1.5。

第五节　高速公路级差效益分析及费率计算

公路建设项目的经济效益一般是指项目对整个国民经济所作的贡献。与此不同,在收费研究中所涉及的道路使用效益,只反映道路使用者所获得的效益,或者叫做道路“级差效益”。道路使用效益是通过与其他运输方式的比较形成的,所以又可称为道路级差效益;由于道路使用效益或级差效益的高低在很大程度上制约着收费标准的制定,所以科学地界定与合理地衡量道路级差效益就成为收费管理的一项重要内容。

道路使用效益一般包括:运行成本降低的效益、运输里程缩短的效益、运输时间节约的效益、运输生产效率提高的效益、减少行车事故的效益、减少拥挤的效益、提高运输质量的效益等。其中,公路使用者体会较深刻且容易计量的效益有运行成本降低的效益、运输里程缩短的效益和运行时间节约的效益。在对高速公路进行道路使用效益分析时,将主要侧重于这三方面效益的界定与衡量。

一、运行成本降低的效益分析

人们通常习惯按下列公式来衡量运行成本降低的效益：

$$效益值=正常周转量\times(旧路单位成本-新路单位成本) \tag{3-6}$$

这种衡量方式存在以下弊端：首先，单位成本的计量单位是千人公里或千吨公里，影响单位成本高低的因素不仅有车辆运行过程中的耗费，管理水平的高低也至关重要。管理因素不应影响运行成本降低效益的衡量。其次，在现行管理体制上公路运输企业所提供的运输成本资料已无法直接作为衡量运行成本降低效益的依据。受道路水平影响较大的轮胎费、车辆大修费、车辆折旧费等很难通过运输成本数据的变动来体现其降低的效益。第三，车辆通行费是按车公里确定收费标准的，而单位成本则是运输运行成本在周转量上平均化，所以无法直接根据成本的降低来作为判断收费标准是否合理的依据。

因此，应科学分析影响车辆运行成本的因素，并在确定各因素变动对车辆运行成本影响程度的基础上进一步合理地衡量运行成本降低的效益。

车辆的运行速度对运行成本中的燃料成本高低有重要的影响。影响车辆运行速度的主要是道路的技术等级。由于不同技术等级的公路在设计上对路面平整度、坡度、转弯半径等有不同的要求，可以认为，公路的技术等级越高，车速也就越快，因此可用运行成本与均匀车速关系的数学模式来进一步科学地分析车速和公路技术等级变动对车辆运行成本的影响。

路面条件会影响车辆运行时的摩擦阻力，从而进一步影响运行成本的高低。受路面条件影响的运行成本包括燃料成本、轮胎成本、维修成本、折旧成本等。其中，燃料成本、保养小修成本等受路面条件影响较为显著；而大中修成本和折旧成本等受路面条件的影响在短期内难以体现出来，这使得实行短期单车承包或租赁经营责任制的驾驶员难以理解或体会这些成本降低的效益。由于高等级公路一般具有较优良的路面条件（水泥或沥青混凝土路面）所以高等级公路对降低运行成本一般具有双重的影响。

运行成本降低的效益可按下列公式测算：

$$B_1=\sum \mathrm{AC}_0 L_1 G \tag{3-7}$$

式中：B_1——运行成本降低的效益，元；

AC_0——对于新建公路项目，指无此项目时，通过平行竞争公路某成本项目的平均车公里成本；对于扩改建公路项目，指公路未扩改建条件下某成本项目的平均车公里成本，元/车公里；

L_1——车辆在收费公路上的行驶里程，km；

G——车辆在收费公路上行驶所导致的某成本项目降低的百分比。

可采用抽样调查、技术测定、专家评价等方法，来分别测定由于公路等级、路面条件等变动对车辆运行成本中相关成本项目高低的影响。需注意的是，要测定的不是某一车型的运行成本，而是某类车型的平均运行成本，所以测定车辆运行成本的工作需在根据收费的特定要求将车辆科学分类的基础上进行。例如，一些高速公路在收费时将客货车综合划分为小型、中型、大型和特型四类，那么需在此基础上分别确定各类车型的平均车公里运行成本以及提高道路等级对各类车型平均运行成本中各有关成本项目的影响程度。

在具体工作中，人们更倾向于分析提高道路等级对平均运行成本的影响，而不是运行成本中各有关成本项目的影响。除了收集后者的有关数据难度更大以外，专家们认为公路使用者对运行成本变动的总体印象也许比对某一成本项目变动的印象更接近于事实。国外统计资料表明，高速公路上车辆的运行成本，一般可比普通公路降低30%左右；来自我国沈大高速公路的有关数据表明，与其平行的国道202线相比，高速公路的客货运输成本1993年分别降低40.4%和32.8%；来自沪宁高速公路工程可行性研究报告中的有关数据表明，由于车速提高等综合因素的影响，高速公路可获得运行成本降低37.5%的效益。所以按平均降低运行成本30%来估计高速公路降低运行成本的效益，具有较强的现实性与合理性。

二、运输里程缩短的效益分析

高等级公路的路线设计一般对道路坡度、转弯半径等有特殊的要求，以适应车辆行驶需要。因此，相对于旧路而言，高等级公路往往可以在一定程度上缩短公路里程。例如，沈大高速公路比原线缩短了46.1km；沪宁高速公路（江苏段）比国道312线缩短了27km；成渝高速公路比原线缩短了98km；等等。缩短运输里程可为车主带来可观的成本降低的效益。一般来说，因缩短行驶里程使车主获得的效益可借助下列公式测算：

$$B_2 = AC_0 \Delta L \tag{3-8}$$

式中：B_2——运输里程缩短的效益；

AC_0——某车型在平行竞争公路或原有公路上运行的平均车公里成本；

ΔL——公路缩短里程长度，km。

三、运行时间节约的效益分析

运行时间节约的效益是公路建设项目级差效益的重要组成部分。在市场经济条件下，追求时间节约的效益是高等级收费公路得以较快发展的原因之一。我国目前已建成的沈大高速公路、沪宁高速公路、成渝高速公路等均具有可观的运行时间节约的效益。正确地评价运行时间节约的效益对收费标准的制定具有重要的影响。

在公路建设项目国民经济评价中，运行时间节约的效益由货运时间节约的效益和客运时间节约的效益构成。与此不同，在分析影响收费标准的公路级差效益构成中，只能考虑驾驶员和旅客运行时间节约的效益。缩短货物在途时间确实对货主有利，但目前尚不具备开展快捷货运业务的主客观条件，因而还无法因提前完成货运业务而要求货主多付费。所以，货车驾驶员能体会到的只是自身因运行时间节约所获得的效益。

运行时间节约能使客车驾驶员和每一名旅客获益。按照我国现行有关规定，车辆通行费可由乘客分担，那么可以认为，载客能力越强，客车所可能获得的运行时间节约的效益也就越高，允许收费标准变动的空间也就越大。因此，如果客车单独分类，可根据其级差效益确定较高的收费系数。

在我国现行收费实践中，绝大多数收费公路实行将客、货车综合分类的做法。由于货车只考虑运行时间节约对驾驶员的影响，按照稳健原则，这一作法同样适用于客车。虽然，这样做将低估客车所获得的时间节约效益，但在现行单位时间价值不高的情况下，并不会对收费标准的确定产生实质性影响。在具体工作中，可根据对单位时间价值额的估计适当提高客车的类别。例如，在收费时将客车分为小型、中型、大型和特型四类，分别与较高吨位的货车类别衔接，就是充分考虑上述影响后的分类结果。

运行时间节约的效益一般可通过下列公式反映：

$$B_3 = T_n V \tag{3-9}$$

$$T_n = L_0/S_0 - L_1/S_1 \tag{3-10}$$

式中：B_3——运行时间节约的效益，元；

T_n——全程节约时间，h；

V——单位时间价值，元/h；

L_0——平行竞争公路或原有公路的里程，km；

S_0——平行竞争公路或原有公路的车辆平均行驶速度，km/h；

L_1——收费公路通车里程，km；

S_1——收费公路车辆平均行驶速度，km/h。

要确定运行时间节约的效益，最大的难度在于确定单位时间价值。在实践中，一般可采取以下三种方法来确定单位时间价值。

1. 生产法

持“生产法”观点的人们认为，公路使用者可以利用节约出来的在途时间从事新的运输生产活动包括联系客货源，组织运输，在原有运输工具不增加的前提下通过增加营运次数来增加利润，提高运输劳动生产率。因此，单位时间价值取决于平均单车公里净利、全程节约时间、在收费公路上的运行速度及时间利用系数。

2. 产值法

持“产值法”观点的人们认为，公路使用者可以利用节约出来的在途时间从事新的运输生产活动也可能从事其他获利性经营活动或创收活动，所以单位时间价值应当更多地受该地区人均国民收入或者国民生产总值的影响而不是仅受某种经营活动的影响。

3. 费用法

费用法的理论依据是时间节约的效益取决于旅客或驾驶员为节约在途时间支付货币的意愿。一般说来，采用费用法，单位时间价值可按照下列公式推算：

$$V = \Delta E/\Delta T \tag{3-11}$$

式中：V——单位时间价值；

ΔE——费用增量；

ΔT——时间增量。

例如，乘相同的客车，从南京到上海走沪宁高速公路需付款 54 元，在途时间 3h；走国道 312 需付款 36 元，在途时间 6h，那么每小时价值应为 6 元[（54 - 36）÷（6 - 3）]。

高等级公路具有明显的运行时间节约的效益，这是无可置疑的。但要将此效益货币量化，并取得令众人信服的评价结果，却并非易事。由于不同的公路使用者具有不同的时间利用效率，利用节约的运行时间从事的是获利高低不等的不同经营或创收活动。人们为增加休闲时间支付货币的意愿也存在较大的差异，所以量化有较大的难度，也难以完全避免判断上的主观随意性。所以，正确、客观地理解和处理运行时间节约的效益是非常必要的。

四、道路级差效益分析

道路级差效益构成中最主要的是运行成本降低的效益、运输里程缩短的效益和运行时间节约的效益。除此以外，公路使用者还能获得其他效益，如减少货损的效益、降低事故发生的效益、减少交通拥挤的效益等。有的效益已在上述三种道路使用级差效益中得以体现，如减少交通拥挤所获得的效益已在减少营运成本和节约在途时间、增加营运次数的效益中得以反映；而有的道路使用效益如减少货损、降低事故发生的效益是与各收费公路的具体情况相关的，再加之计算指标中一些因素难以准确量化，为便于道路使用级差效益的测定，本书对这些因素不再加以更进一步的分析，只是在制定收费道路的费率时加以综合考虑。

道路级差效益的衡量可借助于下列公式进行：

$$B = B_1 + B_2 = B_3 \tag{3-12}$$

如果收费公路的平行竞争公路或原有公路也征收车辆通行费，那么级差效益的公式可改写如下：

$$B = B_1 + B_2 = B_3 + F \tag{3-13}$$

式中：F——平行竞争公路或原有公路全程征收的车辆通行费，元。

五、收费标准测算

收费还贷公路的一般数学模式可表述如下：

$$\sum_{t=0}^{n} \mathrm{NCF}_t (1+i)^{-t} - D = 0 \tag{3-14}$$

式中：n——贷款或集资偿还期，年；

NCF——年还贷收入，元；

i——贷款或集资平均年利率，%；

t——计息期数；

D——贷款或集资本金，元。

收费还贷公路收取的车辆通行费，其性质属于行政性交通规费，而不是收费单位的营业收入。根据现行有关规定，为还贷收取的车辆通行费减去应缴纳的营业税金及附加和公路养护与收费管理费用以后的余额，形成用于还贷的收入；用还贷收入偿清全部贷款或集资本息所需的时间，就是实际的贷款或集资偿还期。所确定的收费标准应保证实际贷款偿还期低于或等于规定的贷款偿还期。收费标准与还贷收入之间的关系为：

$$\mathrm{NCF} = FQL(1-T) - C \tag{3-15}$$

式中：F——某车型的收费标准，元/车公里；

Q——某车型的收费交通量，辆次/年；

L——收费公路全长，km；

T——营业税金及附加，%；

C——平均每年公路养护与收费管理费用，元。

由上述公式可以看出，要保证贷款本息如期偿还，科学合理地确定收费标准是关键。如果说收费公路的级差效益界定了分车型收费标准上限的话，那么在其他因素既定条件下，上述公式则界定了分车型收费标准的下限。

第四章　收 费 票 证

【学习目标】

(1)了解收费系统中收费票据的管理和使用流程;

(2)会打印收费票证,会根据实际需要领取、使用、核销和报损相应的收费票证;

(3)会鉴别第五套人民币的真伪;

(4)具备收费过程中票据使用和钱币收缴相关技能。

【教学活动设计】

(1)让学生完成某个收费流程票证的打印;

(2)举行假币鉴别大赛等课外活动;

(3)填写收费员《交接班凭证》等票据。

第一节　通行费票证

一、常见的通行费票证的种类

通行费票证是收费部门给缴纳通行费的单位或个人出具的收入凭据,并作为证明收缴双方完成收费权利与义务的法律凭据,也是核发给车辆通行公路的合法证明。

(一)常见的通行费票证的种类

1. 收据类

(1)车辆通行费定额发票(又称手工票):根据不同的路段、隧道、桥梁和不同的收费标准,印有不同面额的票据。目前统一使用的定额票据面额分贰元、叁元、伍元、拾元、拾伍元、贰拾元、贰拾伍元、叁拾元、叁拾伍元、伍拾元、壹佰元,按“一车一次一票”的方式收取车辆通行费,适用于零星过往车辆通行公路按次缴费时使用。

(2)车辆通行费非定额发票(又称电脑票):根据不同的路段、隧道、桥梁和不同的收费标准、车辆通行里程核定收费额,在收费站出口打印出实际收费金额的票据。适用于零星过往车辆通行公路按次缴费时使用。

(3)IC 卡赔偿票:汽车驾驶员通过收费站入口领取 IC 卡,但出口遗失,电脑系统自动按无卡车处理,并按最远距离收取通行费及 IC 卡的工本费。针对 IC 卡工本费,公司出具由省地税局统一规定使用的 IC 卡赔偿票给驾驶员。

2. 缴费凭证

目前全国各地实行的缴费凭证有:

(1)车辆通行证:核发给集体缴费单位的车辆,在有效路段和期限内使用。

(2)车辆定额通行券:核发给集体缴费单位的车辆代通行证使用,车辆凭证可在不同路段使用,但证件不作报销凭据。

(3)特种通行证(即免费证):核发给经批准同意免征通行费的车辆使用。

第二节　通行费发票的管理与使用

一、通行费发票的管理与使用

(一)通行费发票的种类

通行费发票包括定额发票和电脑发票两种。

(二)通行费发票的领用和保管

(1)领用和发放通行费发票时,必须填写《通行费发票领用单》,对发票的名称、数量、号码、金额逐项进行认真核对,确认无误后领票人与发放人签字确认。

(2)领票人必须妥善保管好发票,保证票面整洁、完好,并将定额发票按面额、顺字分类捆绑,锁在自己的票箱内,除上班携带外,其他时间必须存放在票管室。票证的保管必须做到"三专"和"六防"。"三专"即专人、专房、专柜管理;"六防"即防火、防盗、防毒、防鼠、防蛀、防丢失。因保管不善而造成的后果由领票人负全部责任。

(3)电脑发票由班长(督导员)负责领取到指定车道装入打印机中,并做好防风、防晒工作。

(4)票证管理人员或使用票证的收费人员因离职或更换岗位,必须与接管人员办理手续,单位领导负责监交,并做好交接记录,未办理手续不得离职或更换岗位。

(三)通行费发票的使用

(1)通行费发票的使用是指收费员收取通行费付给驾驶员票证的过程。

(2)定额发票实行专票专用,不得相互代替使用,不得转借他人。

(3)以下情况下可以使用定额发票:因停电、收费系统或打印机发生故障,需手工收费时或主车道塞车,备用车道故障时(售定额发票时不需要进行电脑操作)。

(4)定额发票在使用过程中必须按有关规定摆放,按流水号售票,不得跳号和选号。

(5)在使用发票前,应检查票面上金额(定额发票)、号码、收费单位、税务局监制章、发票专用章等要素是否齐全,有无重号、跳号、缺号等,对有质量问题的通行费发票应停止使用。

(6)收费车辆通行费实行一车一票(定额发票组合票除外)。

(7)在使用组合票时,应根据通行费金额以最少张组合和面额最高的优先组合为原则。

(8)收费人员在当班期间使用了定额发票,清点时要填写《使用定额发票登记表》,票管员根据出售的票证号核算售出数量、金额。票管员要在使用的最后一张存根联注明使用日期并签名。

(9)对售完的定额发票票根(存根联),收费员应妥善保管,保持存根封条完整,并按领取的号码顺序捆绑退回票管员,再由票管员上交公司票库统一封存。

(10)收费员上班时在收费亭内对电脑发票使用情况进行交接,下班后将发票起止号抄回交给票管员进行核对。

(11)因设备、收费员失误或发票不符合要求等原因产生的废票,由收费员上报监控中心,并在废票正面盖上"作废"章,当班班长(督导员)在背后签名并注明原因,下班后上缴票管室。

(12)收费过程中,对驾驶员的弃票由收费员及时在弃票正面盖上“作废”章,并放入小钱箱,下班后上缴票管室;在收费广场内捡拾的弃票,由站场管理人员投入弃票箱,站稽查小组定期进行现场清理,由收费管理部门定期集中销毁。

(四)通行发票的清查

票管员每月最后一个工班日对库存和收费员领用的通行发票进行盘点,公司稽查队和站稽查小组不定期对收费人员的发票使用情况进行检查。

二、通行费清点和投包管理

(一)通行费清点和投包流程

投包机是指保管现金的自助金库。投包是指将上缴的通行费现金集中用钱袋(箱)装好成包后投入投包机的过程。通行费清点和投包流程见图4-1。

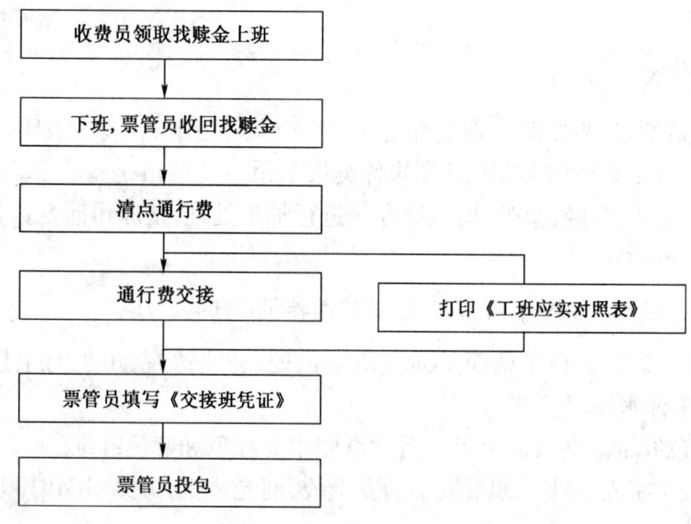

图4-1　通行费清点和投包流程

(1)收费员在票管员处领取找赎金上班。

(2)收费员下班回到票管室后,先清点出收费找赎金,由票管员收回保管。

(3)收费员清点通行费后,票管员复核。

(4)收费员将通行费与票管员交接,双方核对无误后在《收费员交班凭证》签名确认。

(5)票管员复核收费员所收通行费后,如出现系统显示金额与实收通行费不符的,票管员打印《工班应实对应表》给收费员和班长(督导员)注明原因并签名。

(6)票管员将当班次通行费汇总,按工班日期填写《现金缴款单》后投包。

(7)银行解款。

(二)清点责任划分及特殊情况的处理

(1)通行费的清点以在票管室清点的结果为准。

(2)票管员必须如实登记收费员的长短款、弃零款情况,任何人不得教唆、强迫票管员虚报或隐瞒不报。

(3)收费员长款充公,短款自行补足。

(4)票管员复核收费员通行费时,如发现有可疑现钞而双方不能辨认真伪时,双方先做好记录,真伪以银行确认为准,银行认为是假钞则由收费员负责;如果票管员在复核通行费过程中未发现假钞,而银行确认有假钞,则由票管员负责。

(5)从银行接收钱袋(箱)起至银行清点该钱袋现金止,如资金清点全过程操作正常,应缴款和实缴款不符由票管员负责。

(6)从收费员将通行费交给票管员并办理交接签认手续起,其间如钱袋丢失或损坏(除不可抗拒因素外)由票管员负责。

三、假 钞 识 别

(一)概念

假钞是指仿照真钞的纸张、图案、水印、安全线等原样,利用各种技术手段非法制作的钞票。

(二)假钞的分类

假钞包括伪造币和变造币。伪造币指仿照真钞的用纸、图案、水印、安全线等原样,运用各种材料、设备、技术手段模仿制造的各类假票币。变造币是指在真币基础上或以真币为基本材料,通过挖补、剪接、涂改、揭层等办法进行加工处理,使原币改变数量、形态实现升值的假币。

(三)第五套人民币(2005年版)100元券防伪特征(图4-2)

(1)固定人像水印。在位于票面正面左侧空白处,迎光透视,可见与主景人像相同、立体感很强的毛泽东头像水印。

(2)红、蓝彩色纤维。在票面上可以看到纸张中有红色和蓝色纤维。

(3)磁性缩微文字安全性。钞票纸中的安全线,迎光透视,可见“RMB100”缩微文字,仪器检测有磁性。

(4)手工雕刻头像,票面下面主景毛泽东头像,采用手工雕刻凹版印刷工艺,形象逼真、传神,凹凸感强,易于识别。

(5)隐形面额数字。票面正面右上方有一椭圆形图案,将钞票置于与眼睛近平行的位置,面对光源作水平旋转45°或90°,即可看到面额“100”字样。

(6)胶印缩微文字。票面正面上方椭圆形图案中,多处印有胶印缩微文字,在放大镜下可看到“RMB”和“RMB100”字样。

(7)光变油墨面额数字。票面正面左下角“100”字样,与票面垂直角度观察为绿色,倾斜一定角度则变为蓝色。

(8)阴阳互补对印图案。票面正面左下方和背面右下方均有一圆形局部图案,迎光观察,正背图案重合并组成一个完整的古钱币图案。

(9)雕刻凹版印刷。票面正面主景毛泽东头像、中国人民银行行名、盲文及背面主景人民大会堂等均采用雕刻凹版印刷,有手指触摸有明显凹凸感。

(10)横竖双号码。票面正面采用横竖双号码印刷(均为两位冠字,8位号码)。横号码为黑色,竖号码为蓝色。

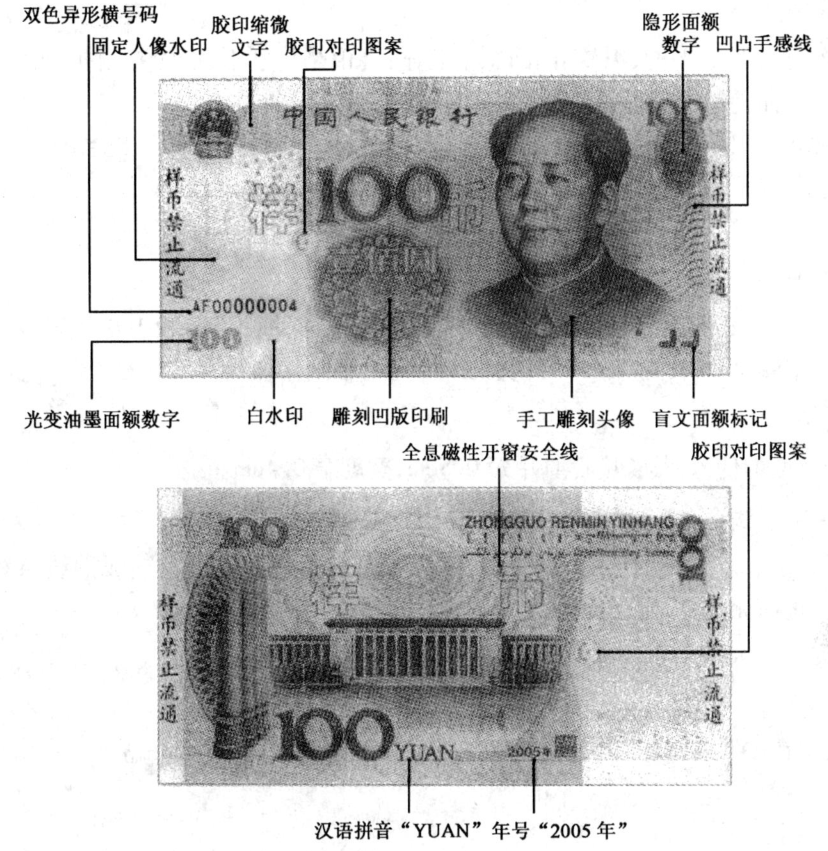

图4-2　第五套人民币(2005年版)100元券防伪特征

(四)伪钞的鉴别方法

1. 直观法

(1)看印刷。伪钞的颜色有的浓、有的淡,50元假币以淡黄为主,旧版100元假币以淡绿为主,假新版100元以深红为主。伪钞币面的人物图像、数码、网纹等细目模糊;层次不丰富,立体感不鲜明;多色接线图纹的颜色相接处不能平稳过渡,有错位;正面银行名称、冠字号码和背面银行拼音会出现重叠现象。旧版100元假币上的“中国银行”几字和下方的阿拉伯数码字迹都较粗,正面四位领袖人物的头像颜色略带橙红色;新版100元假币正面左下角的绿色“100”数字不反光变色且无突出感,正面右上角“100”下的花纹成45°角时不能看出里面的“100”字样。

(2)看纸质。伪钞纸质绵软,单薄、韧性差。“深圳版”100元假币纸张较薄;“北京版”100元假币纸质蜡滑。伪钞票四周边明显起毛;伪钞整张钞票的透光性不均匀。

(3)看水印。伪钞水印不够逼真,立体感不强,线条轮廓粗糙,在水印空白部分没有极细的有规律白水波纹。“深圳版”100元假币左面水印的毛主席头像在纸面上,而且不清晰;“北京版”100元假币则没有水印。

(4)看暗线。暗线即金属安全线。伪钞部分没有金属安全线,即使有,线条的位置、粗细、厚满都有差异。

2. 手摸法

(1)摸纸法。伪钞平滑、绵软、凹凸感不明显;真币是特别纸张,挺括耐折。用手抖动会发出清脆的声音,而伪钞纸质松软,抖动发出的声音较沉闷。

(2)摸水印、暗线。伪钞的水印大多数没有凹凸感,手感不好,摸不出金属线。

(3)摸墨层。伪钞票面平滑、图案模糊,盲点为漆点,用手触摸银行名、盲文、人物头像均无突出感。

3. 记忆法

看钞票是否有相同冠字号码。目前市场上出现的"深圳版"旧版100元假钞其号码大部分是"CP58"开头,所以收到"CP58"开头的100元币必须仔细鉴别。

4. 丈量法

市场上流通的伪钞,其长度比真币短0.5cm,宽度窄0.4cm。

5. 仪器观察法

(1)用放大镜观察。伪钞的人物头像、图景都是由不规则的点状连成的线条和粗细不均的线条组成,正面无凹感,背面无凸感。

(2)用紫光荧光油墨检测仪观察。伪钞大部分纸张无荧光反应。

6. 笔托法

用薄纸蒙在钞票的水印部位,用铅笔在纸上轻轻涂画,真钞就会在薄纸上现出水印图案的轮廓。

第三节　通行费票证管理的意义、作用及内容

一、通行费票证管理的意义

通行费票证的管理是指对通行费收取过程中使用的各种通行费票证的印制、领取、发放、使用、核销、保管等全过程的管理。通行费票证是根据国家有关公路收费政策规定,由省、市、自治区财政厅或省地税局统一印制,发给通行费收费部门使用的。其正确使用,是通行费收取部门执行国家公路收费政策法规的具体体现。通行费管理部门在收取稽查过程中,其票证的使用、查验、管理贯穿于收费业务的始终。它是检验应交纳通行费的单位和个体车主是否按规定交纳费款的重要标志,是整个公路收费管理的重要组成部分。票证管理中若出现问题,被坏人钻了空子,会给收费工作造成混乱,给国家的收入带来损失,也会损害收费部门或一个地区以及整个国家的信誉。因此,必须建立严格的票证管理制度,做到手续完备,安全保管,正确使用,按车开票,以维护国家法规的严肃性,保护企业和群众的正当权益。由此可见,通行费票证管理的意义,就是通过建立严密的票证管理制度,避免差错,保证票证安全完好,合理储存,正确使用,有效地堵塞票证使用过程中出现的漏洞,维护财经纪律,防止贪污盗窃,确保通行费收取工作圆满完成。

二、票证管理的作用

加强通行费票证管理,不仅是为了管好票证,也是维护财经纪律,促进整个稽征管理的需

要。其作用主要有以下几点：

1. 确保票证安全无损和避免差错

票证按规定由专人专职保管，储存票证的库房牢固、安全，以防止伪造、丢失、损毁、短缺、霉烂，保证票证的完好。同时，严格票证入库验收、出库签认、发领双方当面交点制度，防止出现差错。

2. 维护财经纪律，防止贪污费款

在票证的使用中，必须按票证的用途使用，不准互相挪用；按票证的顺序号使用，不准跳号使用；按时报送票证报表，做到收款、开票、上缴三相符。这样，不但减少了工作中的差错，也相应避免或减少挪用、贪污费款的行为发生。

3. 促进收费业务的顺利开展

票证管理是整个收费业务管理的重要组成部分。若票证供应不及时、质量差，势必影响收费工作的开展，因此，票证管理制度健全、印刷质量好、储存合理、发放及时，必然促进通行费收费业务的正常开展。

三、票证管理的内容

1. 票证的印制

目前各省使用的车辆通行费发票是经省交通厅、省地税局批准，由省地税局签章，指定印刷厂统一印制的。各级使用车辆通行费发票的高速公路公司必须向省交通厅、省地税局申请，不准自制、自购车辆通行费发票，否则将按违反法规查处。

2. 票证的保管

(1)票证要设专人管理，入库时要验收、监收，发出时要双方清点签认。库房储存要合理，不积压、不浪费。

(2)库房要安全牢固，备有防盗、防火装备，有防霉、防鼠咬等措施。

(3)票证应使用铁质箱、橱加固上锁存放，并用标签注明票种和数量，摆放要整齐，做到储存定位、有序，标志醒目。

(4)加强教育，提高全体员工对票证安全的防范意识。如丢失各种票证要及时报告上级主管部门；对发现假票、回笼票或其他重大事件要立即报案，并书面报告上级主管部门，严重的交司法部门处理。

3. 票证的领用

各级收费机构要指定专人负责票证的请领、登记、发放、保管工作。采取逐级请领制，请领要有计划，避免造成积压或不足：要按票面序号顺序发放；登记要清楚准确，日清月结；发放要完善手续，不出差错；保管要认真负责，保证使用。各使用票证人员要严格按规定程序办理，做到不丢失，无差错，手续完备，账票相符。

4. 票证的核销

收费站票据核销工作必须做到日清月结，收费员每班核销票据使用数和结存数，站票管员每日汇总核销收费站各班票据使用数和结存数，管理处票管员每月汇总核销各收费站票据使用数和结存数，公司票管员每月汇总核销各管理处票据使用数和结存数。

5. 票证的报损

票证因人为过失撕扯、打印内容错位、打印机卡纸等原因而无法使用，或者因管理不善造成异常报损。

6. 票证台账

票证台账是在原始记录的基础上，按实际发生的业务逐笔登记而设的一种汇总、积累资料的账册，是按照原始记录编制报表的基础工作。

7. 票证的收缴

在票证管理中，有时会发生票证的调拨，多余票证的上缴，以及作废票证的收缴、销毁情况，对此要认真清点，编造清单，经收票证的高速公路公司要点收签认后逐级销账，以免发生差错。对收缴且需要销毁的作废票证，要编制销毁票证清册，经上级主管部门批准后，由省地税局、上级主管部门分别下派人员共同审查监毁，并在销票清册上签字证明。

第四节　电脑票据管理规定

高速公路实行联网收费，不仅能提高工作效率，加快售票速度，而且能有效地防止舞弊和挪用公款等现象。为保证电脑收费系统的正常运行，特制定出以下办法。

一、通行费票据

通行费电脑打印票据由高速公路公司根据省地税局批准的标准和样式统一印制，收费中心、收费分中心、收费站设专人管理。

二、票据的领发制度

(1)站票管员应提前三天通知分中心，并拟出领票计划。

(2)收费分中心票管员领票应提前三天通知中心，并拟出领票计划。

(3)票据领取时，必须按票面起止号填写，由发票人填写《票据领用单》一式两份，双方核对无误，方可签字。任何人不得代领、代用。

(4)领票后应及时入账，并立即清点库存，检查是否账实相符。

(5)站票管员的票据库存量不得低于一个月实际耗用量。

三、票据的使用

(1)每一出口车道采取道与道之间交接，每班次交接班时，由当班班长负责点清上一班道上电脑票存量。

(2)收费员不得以其他纸张送入微机打印，发现使用非法票据视同出售废票处理。

(3)票据应从小号到大号依次使用，禁止不连号、不按顺序号使用票据。

(4)对已作报废处理的票据，禁止再次使用或出售，避免造成电脑统计的报损数与实际不一致。

四、票据核销制度

收费员每班下班后，由班长将本班车辆通行费收入情况收齐汇总，交给站票管打印《收费员下班对账表》核对，若出现长款一并缴给银行，短款由收费员补齐后由班长缴给银行，作为缴款销号和记账的依据。

五、票据报损制度

(1)使用前，发现票据因印刷质量需报损的微机票据，应及时报告票据管理员，填写《票据损益表》，注明票据种类、号码、数量、事由等，由各收费站票管审核后，交由收费分中心、中心审批后入账。

(2)正常操作的票据报损，由当班班长下班后填写《票据损益表》一式三份，并附报损票据，注明票据的种类、号码、数量事由等，经证明人、站票管确认，报分中心、中心层层审核予以报损。经中心批准的《票据损益表》作为收费中心、收费分中心、站、当事人有效的记账依据。

(3)未按正常操作造成票据报损，其报损手续与正常报损手续相同，并按有关规定追究当事人责任。

(4)次月收费站应及时将上月《票据损益表》交收费分中心、中心审批，以便于各级账务处理。

第五节　电脑废票的监管

联网收费系统设备的功能可有效地防止收费管理工作中各种弊病的发生，特别使贪污票款这一严重违法行为得到更有效的控制。但是先进的收费系统也给管理工作带来了新的挑战，如果管理不完善，监管力度不强，也会造成一定的漏洞。针对在收费过程中出现的废票情况，要加强对废票的监管，在收费管理工作中加强对一些环节的监管，力求把工作做得更完善。

一、废票产生的原因

电脑废票是指收费员操作不当或电脑设备故障等原因，打印系统产生的与过往车辆应缴费额不符而经收费员利用收费系统作废功能作废的票证。电脑收费系统容易错打废票，实行电脑系统收费，无法从根本上杜绝废票的发生，主要原因有：

(1)设备故障产生一定数量的废票。设备故障(如系统不稳定、死机或其他原因)是产生废票的一个主要原因，比如打印机故障，造成打印废票；电脑脱机使系统记录重复计算，造成收费员账面上短款。

(2)收费员在收费过程中精神不集中，造成一定数量的废票。收费员在收费过程中精神不集中、操作过快或操作中按错按键，造成一定数量的废票。

(3)车型判别不准确，造成一定数量的废票发生。收费员在收费过程中常有收到通行卡类别与车型不符的情况，会造成一定数量的废票发生。

(4)部分驾乘人员交纳通行费后，未领取票证即离开。

二、废票对收费管理工作的影响

以上的种种原因都会造成废票的产生。废票的产生在一定程度上影响了规范化管理的正常运作，影响管理者对正常收费工作的判断、决策。同时，废票的产生也使收费员错误操作后存有依赖心理，把自己的错误操作推诿于电脑各种故障，对管理工作非常不利，具体表现为以下几个方面：

(1)造成差错率上升。收费员在收费过程中,由于设备故障或错误操作都会造成差错率上升。

(2)为收费员的错误操作提供了借口。个别收费员由于在工作中耐心不够,在没有弄清情况下胡乱操作,发生废票后,把责任推给驾驶员或设备,而不注重提高自己的业务水平。责任心不强,不利于收费管理。

(3)大量的废票可能会被不法分子利用,造成票款流失。电脑废票的特殊情况会使个别不法分子利用系统的废票功能对售出发票进行废票处理或废票再卖,从而达到贪污作弊的目的。对于收费站防贪、反贪管理工作来说,废票功能存在着潜在的隐患,一个收费站如果不重视电脑废票的监管,个别别有用心的人就会利用这一环节,利用大量废票,进行非法活动,把错打废票变为生财之道。

三、对废票的管理要形成完善的监管机制

为维护收费工作的正常秩序,防止、杜绝可能存在的偷漏费现象,须进一步加强废票管理,对全线出站收费车道设置废票回收箱,并制定如下管理办法:

(1)收费过程中产生的废票立即投入废票回收箱,收费员应立即做好记录。

(2)废票回收箱钥匙由站长保管,站长每日下班前回收1次。

(3)由站长定期销毁废票。

(4)由站长不定期抽查收费员废票记录,并保存。

(5)由收费中心、分中心票管员定期、不定期抽查收费员废票记录。

(6)若发现收费亭内有废票,扣收费员当月绩效工资50元/张。

第五章 收费介质

【学习目标】

(1)了解当今收费系统中主要使用的收费介质——IC卡,熟悉IC卡的卡盒、卡箱和卡夹管理;

(2)会进行IC卡的调配管理;

(3)会计算收费站初始储备卡的数量,收费站申领卡片数量和入口车道申领卡片数量;

(4)培养学生对收费系统中IC卡的使用和管理的能力,使学生具备IC卡调配管理等方面知识。

【教学活动设计】

(1)设计场景让学生对某个收费亭的IC卡进行调配,计算出所需的储备卡数量,根据车流量计算申领卡的数量等;

(2)在具备条件的情况下,可在实训室中完成IC卡调配任务;

(3)按学生完成任务的质量、时间、工作规范等作出学业评价。

第一节 高速公路收费通行券的发展

通行券是车辆在高速公路运行的信息记录和凭证。封闭式收费系统是根据车辆类型和车辆在收费公路上的行驶里程来收取通行费的,因此,需要有记录车辆进出的地址和时间等信息的凭证,该凭证称为通行券。

通行券应具有携带道路名称、车辆类型、入口站名、入口收费员工号、入口时间等信息的功能。其种类较多,一般按数据记录介质分类,可分为印刷通行券、打印通行券、条形码通行券、磁票/磁卡通行券、IC卡通行券、车载电子标签等。通行券的发展体现了收费技术的进步。

一、印刷通行券

印刷通行券为一次性使用的纸质通行券。通行券表面印有高速公路名称、入口收费站名称或收费站代码、车型类别(也可用车型代码或通行券颜色来表示)和通行券编号等必要信息。入口发放时,由收费员在印刷通行券上盖上当班收费员代码、当班日期、时间等信息。车辆驶离高速公路时,驾驶员在出口站交回通行券。由于印刷通行券制作简单,成本低,收费处理简便,不需专用读写设备,因此投资少,运行成本低。但这种通行券记录信息有限,许多随机信息如车辆驶入高速公路时间信息、收费员信息、车型信息,均靠收费员人工完成,不仅工作繁琐,而且会大大增加操作时间,降低了收费效率。另外,这种通行券上的随机信息记录全部由人工完成,很难对道路的使用者和收费员进行监督,漏洞很多,给管理带来极大的困难。

采用印刷通行券方式,从通行券印刷、发放与回收过程的管理,都必须有一整套的管理制度和一支强有力的稽查管理队伍,必要时需要配备一些仪器设备进行监督,如车辆计数器、闭路电视监视和密闭式票箱等。

二、打印通行券

打印通行券是一次性通行券，它是利用套打技术，在入口将一些随机信息，如日期、时间、收费员代码、车型或车型代码、入口站代码、入口车道代码等打印在事先印刷好固定信息的通行券上，同时这些信息存入收费站计算机里。为防止驾驶员在行驶途中换券进行作弊，也可将车辆牌照最后两位数打印在通行券上。在出口车道，收费员只要把通行券上的主要信息，如入口站代码和车型代码，通过键盘输入收费员终端，终端会自动计价并显示费额，同时也将这些处理信息存入收费站计算机内。

由于实行了进出口的计算机记录，使得收费管理水平有所提高，但是打印信息仍然有限，且易涂改和伪造，进出口信息全靠人工键入，易出错，效率低。为防止收费人员输入有误，不得不人工复查，每天要回收大量通行券，不但使管理人员工作负担增加，而且不能充分发挥计算机的作用。

三、条形码通行券

条形码通行券属于打印通行券。条形码是由条形码符号及其相应的字符组成的标记，是一种光电扫描识读设备自动识读并实现信息自动输入计算机的图形标识符。简单地说，它是印刷在纸上由一组粗细不同的平行线条按特定格式安排间距的条形码符号和字符组成。当条形码阅读器从条形码上划过时，根据光的反射原理和光电转换原理。条和空的宽度就被译码器译出，从而转换为计算机可读的数据，实现数据的快速自动录入。由于条形码的编码规则和高质量的条形码印刷，条形码数据录入的误码率极低，可达到几百万分之一以下。影响条形码误码率的原因是没有足够的前后空白区，条色与空白(间隔色)没有足够的对比度，条和空的宽度模糊不清，有污点、脱墨点或断线等情况。

条形码可以记录数据，并能方便实现资料的自动输入，可减少数据录入时间和差错率，提高工作效率。当条形码用于通行券时，应在入口收费车道配备条形码打印机，在计算机控制下打印日期、时间、入口代码、车型代码、车道代码等条形码符号，制成条形码通行券。在出口由条形码阅读器将条形码通行券上的信息读入计算机，自动计算出通行费，从而提高出口收费效率，减小人工键入的差错率。

条形码通行券的应用要注意几个方面，一是对使用环境要求较高，在印刷和使用中出现污点将严重降低识读率，甚至读不出来；二是记录密度小，记录的信息较少；三是条形码容易识别也容易伪造或修改；四是对条形码印刷质量要求高。

四、磁票卡通行券

磁票是一条薄薄的由排列定向的铁磁性微粒组成的材料，它用树脂黏合剂严密地黏合在一起(磁条)，并黏合在名片大小的特制纸质上的卡片。通过专用读写器与计算机相连，可将磁票上的数据输入到计算机，也可记录由计算机输出的数据。它为人们提供了一种对数据快速准确地进行存取的介质。磁票的几何尺寸为85.6mm×53.9mm，厚度为0.178mm。

当磁票用于通行券时，磁票上可根据实际需要预先印刷营运公司名称、收费站编号、车型分类标准、收费标准、广告等一些固定信息。在入口时，读写设备与打印机相结合(两者可做在一起)在磁条上写入日期、时间、入口收费站代码、车道代码、收费员代码、车型代码和若干管理信息，并在磁票上打印车型代码、入口收费站代码、年、月、日、时、分等必要可视信息；到出口时，读写器读出记录在磁条上的信息，计算机按车型和行驶里程计算和显示通行费额，并打印收费收据。在磁票上打印入口收费站代码和车型代码等相关信息，其目的是为了避免在出口读写器出现故障或磁票损坏的情况下，收费员可根据票面打印的可视信息继续操作，在驾驶员与收费员发生争执时，易于解决处理。

由于在磁票上打印了使用信息，不可再次使用，故磁票属于一次性通行券。使用磁票的主要优点是磁票成本低，一次性投资低，不需回收。信息读写容易、准确、操作简单，使用方便，不易伪造，有利于防止人为作弊，人工介入少。大部分操作为设备或计算机处理，管理效率高，特别是磁票还有可打印性，可用做正式通行费发票。需要特别强调的是磁票的读写方式、磁票的基本特征和规格都必须满足有关标准。

五、磁卡通行券

在塑料等卡基上涂布或粘贴条状磁面存储媒体用以记录数字数据的卡片称为磁卡。通过专用读写设备与计算机相连，可将磁卡上的数据向计算机输入。磁卡也可记录由计算机输出的数据。磁卡的标准外形尺寸为(85.47 ~85.72)×(53.92 ~54.02)mm，厚度为(0.68 ~0.8)mm。

磁卡和磁票一样，都需要专用的读写设备来读写信息。为了保证能可靠地写入/读出卡中的信息，读写设备磁头必须紧贴磁条，两者相对移动速度要均匀。专用读写设备价格很高，且机械传动部件和磁头易损坏，是收费设备的主要损耗件，每年为此要花费大量维护费用和占用许多有效工作时间。同时，由于机械传动的可靠性差、读写速度慢，增加了收费处理时间，也增加了车辆延误时间。

一般的磁卡读写器多做成小型手动插入式的附件形式。操作时，只需将卡片正确的方向插入读写器的插缝入口内，即可启动读写验证等操作，其输入输出则经微处理器控制的接口电路与计算机交换信息。

磁卡用做通行券，由于其塑质磁卡的质地结实，相对来说不易伪造，记录信息准确，磁条可读写数千次，故可多次使用，运行成本相对较低，管理效率高。但它的一次性投资成本高，且需要跟踪磁卡的流动情况，增加了管理工作量。同时，由于磁卡的所有信息都被编写在磁条上，卡上无可视性，当设备故障、磁卡损坏、电源停电时，通行券上的信息无法确认，因此，必须配备一套切实可行的应急措施来处理异常事件的发生。

六、IC 卡通行券

(一)接触式 IC 卡

IC 卡就是集成电路卡，是一种随半导体技术的发展和社会对信息安全性等要求的日益提高应运而生的。IC 卡具有微处理器及大容量内存等的集成电路芯片，胶装于塑料等基片上制成卡片。它的外形与普通磁卡做成的信用卡十分相似，只是厚度略厚一些，具体尺寸为:(85.47 ~85.72)×(53.92 ~54.02)mm，厚度为(0.76 ±0.80)mm。

IC 卡上可以印有彩色相片、图案及说明性文字等信息。对安全性要求较高的 IC 卡，在其表面上印有个人签名、全息图像及类似纸币上的回纹等安全标识信息。在 IC 卡的左上角封装有 IC 卡芯片，其上覆盖有 6 或 8 个触点，以便和外部设备进行通信，所以也称之为接触式 IC 卡。

一般接触式 IC 卡从实际功能上分为内存接触 IC 卡、智能接触式 IC 卡(带 CPU)和超级智慧接触式 IC 卡三类。内存卡由硬件组成,包括数据存储器、安全控制逻辑等;而智能 IC 卡则由硬件和软件共同组成,包括硬件 CPU、RAM、ROM、监控程序或操作系统等;超级智能卡是在智能接触式 IC 卡的基础上增加了数据显示器、键盘和电池单元等。

接触式 IC 卡相对于其他种类的卡具有以下四大特点:

(1)存储容量大,其内部有 ROM、RAM、EEPROM 等内存,存储容量可以从几个字节到几兆字节。

(2)体积小、质量小。抗干扰能力强,便于携带,易于使用。

(3)安全性高。IC 卡从硬件和软件等几个方面实施其安全策略,可以控制卡内不同区域的存取特性。

(4)对网络要求不高,IC 卡的安全可靠性使其在应用中对计算机网络的实时性、敏感性要求降低,十分符合当前国情。有利于在网络质量不高的环境中应用。

与磁卡相比,IC 卡在安全性、存储容量、一卡多用和非网络环境应用等方面均显示出明显的优势,但也存在以下问题:

(1)由于 IC 卡的集成芯片 8 个触点暴露在外,易玷污,产生接触不良,在使用过程中造成不便。

(2)由于 IC 卡为接触读写,当粗暴插卡、非卡之外物插入和尘染严重时,易使读写器损坏或发生读写错误。

(3)在干燥气候环境中,外露芯片管脚在插卡中也有可能由于静电而烧毁,造成卡的报废。

(二)非接触性 IC 卡

非接触性 IC 卡又称射频卡,是最近几年发展起来的一项新技术,它成功地将射频(RF)识别技术和 IC 卡技术结合起来,解决了无线传输能量(卡中无电池)与无线读写(卡与读写器免接触)这一难题,是电子器件领域的一大突破。

非接触 IC 卡由几组环形天线和 ASIC 集成在一起,然后封装到尺寸为 85.6mm × 54mm × 0.8mm(长 × 宽 × 厚)的 PVC 塑料基片中,无外露部分。片中的 ASIC 由一个高速的 RF 接口、控制单元和一定容量的 EEPROM 组成。RF 接口的主要功能是用射频和读写器进行通信联系和相互验证,控制单元的主要功能是控制运算和读写,EEPROM 用于存放需经常变更的数据。

1. 非接触式 IC 卡读写原理

非接触式 IC 卡的读写是依靠专用的读写器来完成的。非接触式 IC 卡读写器由控制器、天线、电源三部分组成,它们协同工作,以射频方式完成对非接触式 IC 卡的读写操作。其中控制部分是整个非接触式 IC 卡读写器的核心,它包括一个高性能的微处理器,一个专用的 ASIC 模块,一个射频发送/接收电路及串行(或并行)接口电路。射频电路部分由金属罩加以屏蔽,完成射频信号的产生和调制、解调功能。射频电路通过 50Ω 的同轴电缆与天线相连,通过天线发送射频信号给非接触式 IC 卡,工作频率典型值为 13.65MHz,采用 FSK 调制方式,通信传输速率为 106kb/s。非接触式 IC 卡通过卡上的环形天线接收读写器发出的固定频率的射频信号,该射频信号既作为通信传输信号,同时经卡内整流电路处理后,向非接触式 IC 卡内部的集成电路提供能量。IC 卡片内有一个 LC 谐振电路,其谐振频率与读写器发射的频率相同,在电磁波的激励下产生共振,从而使电容充电。在这个电容的另一端接有一个单向导通的电子泵,将电容内的电荷送到另一个电容内，当所积累的电荷达到2V时，此电容可作为电源为其他电路提供工作电压，使各模块开始工作，卡与读写器进入通信阶段。射频电路通过ASIC专用芯片与微处理器相连，ASIC专用芯片用于实现数字与模拟信号的相互转换，微处理器与ASIC专用芯片共同实现密码管理、多张卡的防冲突处理等功能。通信接口电路则以串行接口RS232C或RS485完成读写器与计算机间的通信。读写器也有制成PC标准的插槽接口的，它直接内插在PC机插槽内。

2. 非接触式IC卡的优点

非接触IC卡与磁卡及接触式IC卡相比较。具有以下优点：

(1)可靠性高，维护成本低。非接触式IC卡与读写器之间无机械接触，这样避免了由于接触读写而产生的各种故障，例如：由于粗暴插入、非卡误插入、灰尘或污染导致接触不良等原因造成的故障，大大地减少了磁卡或接触式IC卡因机械磨损或接触不良而带来的维修和部件更新费用，并减少了因故障给用户造成的不便和经济损失。此外，非接触式IC卡表面无裸露的芯片，无须担心芯片脱落、静电击穿、弯曲损坏等。

(2)全天候工作。可在－20～900℃(相对湿度90%)正常工作。

(3)操作方便、快捷。由于非接触通信，不必插拔卡，读写器在10cm范围内就可以对卡片操作，用户使用非常方便。同时，非接触式IC卡使用时没有方向性，卡可以任意方向掠过读写器表面，即可完成操作，大大提高了每次操作的速度，一次典型的交易时间小于0.5s。

(4)防冲突。非接触式IC中有防冲突机制，能防止卡片之间出现数据干扰，因此读写器可以“同时”处理多张非接触式IC卡。在高速公路收费系统正常情况下，不允许一次使用多张IC卡，但它为车队通过提供了快速处理的可能。

(5)实用、耐用。非接触式IC卡的存储结构特点使它便于一卡多用，在高速公路应用中既可作通行卡使用，又可作含金卡支付通行费使用，当然它也能应用于类似的系统，用户可以根据不同的应用设定不同的密码和访问条件。每张卡写入次数大于10万次，只读次数无限制，卡的使用寿命很长。

(6)加密性能好。非接触式IC卡的序号是全球唯一的，制造厂家在产品出厂前已将序列号固化，不可再更改。非接触式IC卡与读写器之间采用双向验证机制，即读写器验证IC卡的合法性，同时IC卡也验证读写器的合法性。

非接触式IC卡在处理前要与读写器进行三次相互认证，而且在通信过程中所有的数据都加密。此外，卡中各个扇区都有自己的操作密码和访问条件，可单独脱机使用。

由于非接触式IC卡具有以上无可比拟的优点，所以它除用于接触IC卡领域，可实现一卡多用外，还特别适合运动状态、行动不便和恶劣环境中卡的应用，如公路收费、公共交通收费管理、加油站和停车场收费管理、医疗记录及收费、保险业等。另外，非接触式IC卡可实现脱机使用，可使现行银行信用卡、储值卡和电子钱包的推广应用跃上一个新台阶。

非接触式IC卡在高速公路收费系统中可用于通行券，但必须有一整套完善的IC卡管理系统，控制、发放、回收及跟踪IC卡流动情况。目前它已在一些省市高速公路普遍使用。

由于非接触式IC卡成本较高，考虑到一些实际问题及影响收费效率的一个主要因素是收费找零时间延误，因而非接触式IC卡目前在公路收费中更适合用于兼有通行券功能的预付卡和免费卡等，这将大大提高收费效率，减少收费差错，有效地防止收费舞弊现象的发生。

七、电 子 标 签

电子标签是一种安装在车辆上的无线通信设备，它允许车辆在高速行驶状态下与路旁的读写设备进行单向或双向通信。它装有微处理器芯片和收/发天线，在高速行驶中（可达250km/h）与相距8~15m远的读写器进行微波通信，比非接触IC卡的工作频率、通信速率高出很多。它以读/写方式验证电子标签的有效性，可写入或读出电子标签中的数据，可同时处理多张电子标签。由于通信距离较远，电子标签一般为有源器件，在功率上只凭借卡片阅读机发射的微波或红外功率转换为电子标签的能源，难以满足通信距离和通信速率的要求，一般需配备电池或接装车辆电源。

电子标签具有身份证明、通行券或兼用替代现金付账等功能，其体积和质量都不大，如同一张标签贴在汽车前风窗玻璃上，多用于开放式或封闭式不停车收费。当用户在设有不停车收费系统的公路上行驶时，可不停车高速通过收费站，收费系统设备自动完成通行费征收，从而可极大地提高收费站的通行能力，减少污染，节约能源，避免收费贪污等问题。

电子标签分为单片式和双片式两种。单片式电子标签只支持后台记账方式的非现金交易，双片式电子标签需配合IC卡使用，通过IC卡进行电子交易，可实现电子钱包方式和台记账方式的电子交易。

电子标签所支持的电子收费系统（不停车收费系统）已在广东省高速公路全面使用。

第二节　非接触式IC卡

高速公路收费系统的类型一般以其采用何种介质的通行券作为划分标准。目前国内常见的收费系统通行券有：一次性手撕票、回收型塑料磁卡、一次性纸质磁票和回收型非接触式IC卡。其中手撕票收费系统只能作为一种临时性系统，磁卡收费系统因为磁性技术的可靠性和安全性差，只是早些年前由于IC卡还未大量普及推广使用，才有部分市场。相比之下，一次性纸质磁票收费系统是目前最为成熟可靠的收费系统，它集合了一次性手撕票和磁性技术的优点，即同时用印刷和磁性技术来记录车辆通行信息，但由于磁票读发卡机成本较高，一般售价在4万元以上，所以前期投入成本高，且因为使用过程中其磁头经常要更换，一次性的纸质磁票不能回收重复利用等原因，其运营维护成本也很高。所以，最适合作为通行券的就是非接触式IC卡。

联网收费系统采用了非接触式IC卡，实践证明它给收费系统的管理工作带来了很大的便利。非接触式IC卡除了有存储容量大，读写寿命在10万次以上、使用方便和一卡多用等诸多特点外，还拥有其他收费方式所不可比拟的优点。

一、抗污染方面

非接触式IC卡将集成电路芯片完全封装在塑料卡片中，使其不受外界不良因素的影响，水渍、油污、磁性干扰、外力弯曲变形都很难影响到它的数据读写性能，从而使用寿命完全接近IC卡的芯片的自然寿命。

二、卫生消毒方面

随着高速公路上交通流量的日益增加，收费员每天都接触来自四面八方的驾乘人员，携带病毒的通行券的流通会对人们的生命健康构成威胁。特别受2003年4~6月份非典型肺炎肆虐的影响,通行券的卫生消毒情况更引起了人们的关注。大量试验表明:非接触式 IC 卡可在“84 消毒液”中直接浸泡数小时而读写功能丝毫不受影响。非接触式 IC 卡容易消毒的特性在人们十分注意个人卫生,特别是预防“非典”、“甲流”等传染病方面具有十分重要的意义。

三、安全性高,防伪能力强

IC 卡在印刷作业过程中,可以通过底纹印刷、微缩印刷、凹版印刷、序号打印、红外线印刷等特殊处理,来达到防止伪造的目的。每张卡都有独立卡号,全程联网跟踪,方便对高速公路的各种违章违规行为进行管理。

四、价格稳步下降

展望未来的智能卡市场,随着非接触式 IC 卡在社会各方面的推广使用和制卡技术的不断成熟,其制作成本会呈稳步下降趋势,有专家预测,非接触式 IC 卡的造价还会有较大幅度的下降,加之它的可重复利用性,运营成本会更加低廉,其相对于其他通行券的优势会更显著。

在高速公路收费中使用非接触式 IC 卡,不但降低了管理运行成本,尤其是在设备维护和耗材使用方面,比手工撕票等其他的收费系统通行券更加便于管理,能大幅度降低运营成本。从总体上看,使用非接触式 IC 卡将带来较大的社会经济效益,符合国内高速公路迅速发展对收费系统严格管理的需求,是高速公路收费系统发展的大趋势。

第三节　非接触式 IC 卡的管理模式

由于目前非接触式 IC 卡成本较高,一张卡的价格在 10 元左右,相对其他通行券来说,投入使用初期的一次性成本相对较高,所以不能作为一次性的通行券,必须回收使用。通行券从收费员手中转移到驾驶员手中,又从驾驶员手中转移到收费员手中,如果没有严格的管理措施,很容易造成卡的大量流失,这将给高速公路业主带来很大的损失。更为甚者,这些 IC 卡可能被别有用心之徒修改或伪造后进行交易,这将给业主带来更为巨大的损失。因此,一个较为完善的 IC 卡收费系统关键在于对在系统中流动的 IC 卡通行券的严格管理。

目前的 IC 卡管理模式主要有两种:票箱式管理和卡筒式管理。IC 卡票箱式管理是指所有的非接触 IC 通行卡的流转(领用、交还、调拨)以卡的张数为单位。在高速公路入口处,收费员人工手动从票箱(盒)中取出票(IC 卡)发给驾驶员,在出口处,收费员将从驾驶员手中收回的卡塞进票箱(盒)。这种方式的 IC 卡经手人员多、流程复杂、工作量大,容易造成卡的大量流失。IC 卡卡筒式管理是指所有非接触 IC 通行卡的流转(领用、交还、调拨)以卡筒为单位。在高速公路入口车道处,收费员每确认有车驶入车道,系统自动从卡筒中弹出一张通行 IC 卡,由收费员轻松方便地交给驾驶员,在出口处,收费员将从驾驶员手中收回的卡放在收卡机入口(类似于自动柜员机的入口),系统确认该通行卡有效后,自动将其收进卡筒,收进卡筒的卡都是经过系统认证的有效卡。卡筒在使用时必须放在收、发卡机内,离开收、发卡机的卡筒为全封闭式结构。

一、票箱式管理

票箱式管理实际上是以通行卡本身为管理单位,且通行卡在票箱中是无序的。对于入口车道收费员,因为很难保证收费员要将自己所领取的所有通行卡都发完给驾驶员才允许下班

(交班),所以对于没有发完的卡必须交回财务部门或专门的通行卡管理处(进行交班,或称清账)。管理人员必须借助专门的通行卡读写设备一张一张清点收费员交回的IC卡,如果不清点的话,收费员就可能拿其他外观相似的,通过其他途径取得的IC卡来充数,而将本应交回的IC卡用作其他不利于业主利益的用途,比如送给相识的驾驶员以使其能少交车程费,或在对大型车、车程很长的驾驶员收费时,用这些非法卡冒充小型车、短程车的通行卡等。对于出口车道收费员,因为一个班次下来手中有很多通行卡,如不进行清点的话,就更容易发生贪污作弊的问题。若对所有通行卡进行清点,则对于车流量较大的高速公路营运公司,不但影响了工作效率,且其工作量也会非常巨大。

二、卡筒式管理

卡筒式管理是以整个卡筒为管理单位的,卡筒由专责的搬运员送到车道上,装在车道上的收卡机或发卡机中。收费员接触通行卡的唯一途径是收卡机的进卡口或者是发卡机的出卡口,当卡从发卡机发出后,收费员就不可能再将卡塞回卡筒,当卡被收进卡筒后,收费员也不再可能从卡筒中取回该卡。如果收费员强行采用机械手段来拆卸卡筒取卡时,系统立即会向收费站监控人员报警,同时也逃不出电子摄像装置的电子眼。因此,卡筒式管理实际把卡的管理目标集中在少数卡筒搬运员身上。因为卡筒搬运员处于流动之中,故不可能采用可随时移动的电子眼跟踪他们,怎样防止他们偷窃卡变为系统的关键。

由于每个收费站出入口车流不可能完全相等,因此通行卡将会从入口车流相对多的收费站流向出口车流相对多的收费站。因此通行卡必须在不同站之间进行调配。对于票箱式管理,各个收费站需将所有从出口车道收回的卡交给专门的通行卡管理中心处理完毕,然后再分发到各收费站。而对于卡筒式管理,各个收费站可以将从出口车道上取下的富余满卡筒直接拿到有需要的入口车道上去使用,而将从入口车道取下的空卡筒拿到有需要的出口车道上使用。对于本收费站多出的满卡筒,可以直接送到有需要的相邻站使用,不必送到专门的管理中心处理后再分发,达到灵活轻松和科学管理的目的。

票箱式管理的最大好处是成本低,当业主对系统中通行卡的流失不是很看重,或者自信能通过管理手段管理好系统中大量的通行卡时可以采用这种方式。卡筒式管理前期投入成本较高(每台价格在2~4万元,视可靠性要求,选择不同的部件,如采用国产电机还是进口电机等),但后期运行管理却非常方便,维护费用也较低。如果业主因为前期成本原因暂时不考虑采用卡筒式管理时,则可先使用票箱式的IC卡收费系统,等业主感到有必要采用卡筒式系统时,再在车道上增加。IC卡在各个收费站,对于入口车道,由专责卡筒搬运员将装满IC卡的满卡筒安装在车道上,同时取回空卡筒;在出口车道,卡筒搬运员装上空卡筒,同时取回满卡筒。出口车道取下的满卡筒可以直接拿到入口车道使用。当某个收费站出入口车流不相等时,需要从其他站调配卡筒,用空卡筒从其他站取回相应数量的满卡筒,反之亦然。

系统对登记的每一卡筒,任一时刻都对应有一对一的当前责任员。卡筒每次责任员的变化,都会产生一条卡筒移交信息上报到站级以上的收费管理计算机系统,卡筒移交信息中包含有卡筒移出公路号、移出站、车道、移出责任员、移出时间、接收卡筒公路号、收费站、车道、接收责任员、见证人等信息。另外,入口车道中每发出一张卡都会向收费站计算机系统上报一条信息,包括IC卡卡号、发卡站公路号、发卡收费站、发卡车道、发卡收费员、所属卡筒号、卡筒中的顺序号、发卡日期和时间;出口车道每收到一张卡也会向收费站计算机系统上报一条信息,包括接收站公路号、收卡收费站、收卡车道、收卡收费员、收卡卡筒号、卡筒中的顺序号、收卡日期和时间等信息。

对于卡筒管理模式，主要监管目标在于防止卡筒搬运员窃取卡筒中的通行卡。因为系统中涉及卡筒的主要是收费员、搬运员和仓库管理员。收费员只能在车道中使用卡筒，当其用非正当手段从车道收发卡机中取出卡筒时，系统会上报消息给收费站计算机系统，另外车道有摄像枪可以监视收费员的举动。对于仓库管理员（也可能是财务员保管卡筒），一般是选择比较信任的人员，另外对存放卡筒的仓库可以安装监视装置，所以仓库管理员很难随便窃取卡筒中的卡。对于搬运员，因为他们处于流动之中，很难采用具体方法来监视他们，他们最有可能偷窃卡筒中的IC卡。因为系统中有大量的卡在流动，当搬运员将卡筒交给仓管员时，也很难一张一张地清点卡筒中的卡是否失窃。唯一鉴别的方法是当此卡筒拿到车道中使用时才能发现。其判别原理如下：

因为在出口车道处，当通行卡被回收进卡筒时，通行卡被按顺序编号，表示它在当前卡筒中应有的位置，同时该通行卡上还记录有该卡当前所在的卡筒。当卡筒装满卡从出口车道拆卸下来时，当前卡筒信息将记录在与该卡筒唯一对应的卡筒管理卡上，如该卡筒目前应有多少张卡。当此卡筒被搬到入口车道使用时，首先要将卡筒管理卡中的信息读出到车道计算机系统中，车道控制机将知道当前车道使用的卡筒应该有多少张卡。当发卡时，将按顺序发出。从卡筒中发出一张卡时，首先读出该卡所属的卡筒号，它在卡筒中应有的位置，如果读出的卡筒号和当前卡筒实际的卡筒号不同，可怀疑此卡筒被人为放入了不属于该卡筒的卡，当读出的序号和卡筒应该发出的序号不同时，可怀疑此卡筒中的卡已被人为动过，如偷盗部分卡或卡上下相对位置被移动过。这些情况发生时，车道系统都将产生报警信息向收费站计算机系统汇报。收费站计算机系统可以查出该卡筒上次是由谁搬入车道的。收费站计算机系统每天、每月都将统计出搬运员搬运有问题卡筒和通行卡的数目，以供收费站管理人员对搬运员的工作情况进行分析评判。

因此，采用卡筒管理模式，能较好地监管通行IC卡流通的各环节，方便了卡的调拨、跟踪、管理等工作。由于做到了人卡分离，解决了通行IC卡在高速公路上易丢失的问题，可以最大限度地防止作弊，堵塞费款的流失；还可大大减小高速公路收费员、管理人员的工作量，提高工作效率，降低高速公路公司的运营成本，使高速公路管理更加严谨、科学。当前，卡筒管理是最适合高速公路收费的卡管理模式。

第四节　非接触式IC卡的种类及其管理

一、非接触式IC卡的种类

（一）车辆通行用卡

（1）车辆通行卡。车辆通行卡归各路公司所有，车辆进入路网时在入口收费站领取一张车辆通行卡，在路网出口收费站退还该卡并按卡中携带的入口信息用现金缴纳通行费，车辆通行卡上不含金额。车辆通行卡使用到一定时限由IC卡发行与管理中心统一淘汰更换。车辆通行卡为车辆通行的凭证，专卡专用，不与其他类型的卡合并，除免费车队外，其他车辆进入路网严格遵照“一车一卡”原则，入口发卡，出口回收。

（2）工作车专用卡。工作车专用卡归各路公司所有，由各路公司分发给特殊机构保管使用，持工作车专用卡的车辆在有效路段范围内免收通行费，超出范围则足额交纳通行费。车辆过路时在路网入口领取通行卡，出口收费站验卡并收回通行卡，如车辆出示工作车专用卡，车辆行驶路径属于该工作车专用卡有效范围，则免费放行，否则按实际行车路线足额收取通行费。持工作车专用卡的用户如需到有效范围外路段行驶，超出路段按正常车辆收费，交费办法实行挂账并每月进行结算。

(3)优惠卡。它是指为方便驾乘人员，针对长期行驶在高速路上的车辆，收取的通行费在有效期内及规定的路段内给予一定折扣而办理的IC卡。

(4)年(季、月)卡：它是指只限于在有效期内及路公司规定路段内使用的IC卡，超出规定路段另行收取超出路段的通行费。

(5)储值卡。联网收费的储值卡为代金卡。该卡为用户所有并保存，卡上有电子钱包，存有一定数量的金额，用户须预先到储值卡发行点购买、充值方可使用。车辆进入路网，领取通行卡，出口收回通行卡，校验储值卡，通行费额即从储值卡上扣除。储值卡不能透支，使用时如卡上剩余金额不足则足额交纳现金。

(二)系统操作管理用卡(根据工作人员职责、权限不同划分)

(1)系统管理卡。该卡归IC卡发行与管理中心所有，用于多种系统管理，启动发行/储值系统软件，设备授权管理，由卡片发行系统生成。

(2)操作员卡。该卡归各路公司所有，包括收费员身份卡、系统维护员身份卡、系统操作员身份卡。分发到各收费站用于收费员上岗有效身份识别。在系统中使用时通过密码进行验证，丢失后可挂失，以保证只有合法身份的人员才能进行收费系统操作。

(3)授权卡。该卡归各路公司所有，用于处理车道上出现收费异常情况的IC卡。

(4)管理员卡。该卡归各路公司所有，进入收费管理系统的身份确认证件，用于查询、稽核、对账。

(5)密钥卡。该卡为系统用卡，归IC卡发行与管理中心所有，用于存放授权密钥以及系统密钥。在卡发行过程中用于密钥传递，以保证卡发行和使用过程的安全性。该类卡片按保密规定分别由不同部门设专人负责保管，平时锁入保险柜。

(6)测试卡。该卡为系统用卡，归IC卡发行与管理中心所有，用于测试和演示发卡系统运行以及使特定系统进入维修运行状态，进行设备维修和软件调试。

二、非接触式IC卡的管理

(一)车辆通行卡管理

车辆通行卡是车辆在路网上行驶的凭证，也是系统提取交通资料的最重要的途径，通行卡唯一的作用就是记录车辆通行资料，专卡专用，不与其他卡合并。

1.车辆通行卡的储备原则

联网收费系统运行时，各收费站随时须有一定数量的车辆通行卡发给进入路网的车辆，同时也会回收一部分驶出路网的车辆退还的通行卡。在较长时期内出入路网的车辆总数基本平衡，但较短时间内，可能有一定的差额，使得某些收费站出现车辆通行卡备用数量不足或过多的情况。为了保证各收费站正常运转，又避免IC卡发行与管理中心购置过多的储备卡造成浪费，必须对车辆通行卡作合理的发放，并对收费站备用卡的不平衡进行动态调配。

IC 卡发行与管理中心根据路网总流量确定备用卡总量。经验公式为：

$$N = 1.5 \times Q \tag{5-1}$$

式中：Q——路网出入口匝道 24h 通行车辆流量；

N——备用卡数量。

设置在收费结算中心内的 IC 卡发行与管理中心保留一部分备用卡，并根据各路段的流量将车辆通行卡分配给各公司收费管理中心，收费管理中心预留一部分备用卡后，分配给各收费分中心，再由各收费分中心分配到收费站。

2. 车辆通行卡的调配管理

车辆通行卡调配管理要求根据各路段车辆通行流量进行核算，由路公司管理中心确定通行卡调配计划。在实际的操作中，发卡系统需要监控各路段通行卡的流动情况，依此在路网内部动态调动通行卡资源。

1）调配原则

路段收费管理分中心的 IC 卡存量为属下收费站各入口日平均车流量的 1.5 倍。

联网收费过程中，发卡管理中心通过收费数据对通行卡的流量和流向进行跟踪监测，同时，各收费站监测车辆通行卡的发放回收情况，如 IC 卡保存量下降至分配量的 30% 或上升至超出分配量的 70%，则向收费管理分中心发出调配申请。若收费管理分中心内调配发生困难，则向收费管理中心发出调配申请，收费管理中心则在各收费管理分中心之间进行调配。若收费管理中心内调配发生困难，则向发卡管理中心发出调配申请，发卡管理中心调整备用卡数量，保证系统的正常运行。若 IC 卡仍不足，则在路公司之间进行调配，同时，发卡管理中心根据系统运行调配情况，调整各路公司之间分配数量，逐步延长各级调配时间，降低调配成本。

2）调配流程

高速公路各收费分中心向收费中心提交书面调配卡片申请表格，配卡申请上应注明现有 IC 卡储量，申请前一天入口发卡和出口收卡的统计数据。收费中心根据全线各收费站实际情况，配发库存 IC 卡或在各分中心之间调卡，并完善调配签字手续，及时在收费系统中下发调配指令。收费分中心根据所辖收费站的 IC 卡存量及配卡申请进行调配。

3）车辆通行卡调配方法

（1）收费分中心申领卡片数量

①收费分中心初始储卡数量：

$$N_1 = \text{收费分中心各收费站入口车道日平均流量} \times 1.5 \tag{5-2}$$

②收费分中心申请配发卡片数量：

$$N_2 = N_1 - (\sum \text{收费分中心各收费站入口剩余卡量} + \sum \text{收费分中心各收费站出口回收卡量}) \tag{5-3}$$

条件为：收费站储卡量 $\leqslant N_1 \times 0.3$ 或收费站储卡量 $\geqslant N_1 \times 1.7$

（2）收费站申领卡片数量（向收费分中心申领）

①收费站初始卡片储量：

$$N_3 = \sum \text{各入口车道日平均流量} \times 1.5 \tag{5-4}$$

②收费站申请配发卡片数量：

$$N_4 = N_3 - (\sum \text{入口车道剩余卡量} + \sum \text{出口车道回收卡量}) \tag{5-5}$$

条件为：收费站储卡量 $\leqslant N_3 \times 0.3$ 或收费站储卡量 $\geqslant N_3 \times 1.7$

(3)入口车道申领卡片数量(向收费站申领)

①入口车道申请卡片数量:

$$N_5 = \text{入口车道平均日流量} \times 1.5 \tag{5-6}$$

②出口车道申请卡片数量:

$$N_6 = 0 \tag{5-7}$$

鉴于通行卡的重要性,联网收费系统主要通过以下措施来加强对通行卡的管理,减少通行卡的流失,建立一套严格的发卡、配送、调拨工作流程。首先保证发卡过程的绝对安全(通过密钥);其次在通行卡配送的过程中,根据各路段车流量合理配送,在配送过程中的每一个环节均将配送结果及相应卡数据记录在数据库中。

收费站将收费原始数据上传到收费结算中心,使结算中心可以掌握每一张通行卡的流向、所在地、发出操作员、收回操作员等信息,各收费站、收费分中心、收费中心都可以通过结算中心查询任何一张卡的信息。在收费站指定专人担任卡管理员,负责通行卡在收费站的存放、发放和回收工作。同时配合卡管理员建立功能完善的通行卡查询管理系统,可以有效地协助通行卡管理员对通行卡进行严格的管理。

针对在收费车道工作的收费操作员,提供多种手段来防止通行卡的流失,如采用严格的操作流程,保证通过一辆车只发一张卡;通过增加卡箱设备来有效地防止操作员造成的卡流失等。公司收费中心、收费分中心定期检查收费站通行卡实际数量与系统记录是否一致,同时建立严格完善的防止通行卡流失的制度。

(二)授权卡管理

为维持收费工作的正常秩序,防止、杜绝可能存在的偷漏费现象,必须加强授权卡的管理。

1. 确立使用权限

授权卡的使用,仅限于站长、收费班长、收费副班长,不允许收费员使用授权卡。

2. 加强使用管理

特殊情况由站长填写临时授权通知书;授权卡管理人员不得随意将授权卡置于收费亭或其他地方,必须随身携带。

3. 做好使用记录

使用授权卡后,应做好使用登记,站长必须每天对授权卡使用记录进行核查。

4. 依照程序上报

对欠款车等情况进行处理时,必须报监控室,由值班领导批准后,监控室做好记录并及时通知到站,方能使用授权卡进行操作。

收费站在特殊紧急情况下使用授权卡,应及时做好记录,同时由值班站长报监控室备案。

5. 违规处理

对没有按照要求使用授权卡的,每发现一次违规使用授权卡,扣减当事人(授权卡管理人和使用人)次月工资 100 元,同时扣减年度考评成绩 25 分。

对授权卡保管不善,造成遗失或非自然因素损坏的,每张 IC 卡赔偿工本费 25 元。

(三)储值 IC 卡管理

在道路收费系统中,储值卡作为快速、便捷的代币工具,有着广泛的发展前景。储值卡管理包括的内容有:储值卡网点设置、储值卡的发放与充值、储值卡业务网点功能设计、储值卡存储内容设计、储值卡黑名单管理设计、储值卡管理设计、储值卡用户的资金结算。目前道路收费管理部门发放储值卡有两种方式,即由收费管理部门独自发卡和由银行代收费管理部门发放储值卡。

(四)IC 卡的管理现状

在各类卡中,授权卡、储值卡、密钥卡、身份卡、公务卡都是发放到个人或车辆的,不涉及调度,管理上比较简单,本文不再赘述。

由于通行卡在出入口之间不停地流动,因此需要不断在各收费站之间进行平衡调度。调度的依据主要是各收费站的实际卡库存和每日人、出口车道车流量的差额情况。此外,由于通行卡会发生损坏、丢失等情况,运营部门还需适时向路网内补充通行卡。

1. 卡流失现象严重

从理论上说,高速公路是封闭的,车辆只能从入口领卡进入高速公路,在出口验卡交费后出高速公路,出口如果发现通行车辆丢卡,也需要收取卡成本赔偿金,通行卡是不应该无故流失的。但目前的实际情况是,随着联网范围的增大和运营管理单位的增多,丢卡问题日益突出。归结通行卡流失原因主要有:

(1)车辆从入口领卡上高速公路,由于高速公路封闭不严,车辆从未封闭的出口(如服务区、养护工区、与在建高速公路连接处,以及个别收费站未上计算机设备的出口车道),携通行卡出去。

(2)车辆从入口领卡上高速公路,但是在出口不交卡闯关出去(一般为出口收费站附近居民和运输业户车辆)。

(3)高速公路采用公务车入口不发通行卡,直接向公务卡内写入信息,这就存在部分公务车在入口领用通行卡,但出口使用公务卡的情况。这种情况虽然计算机系统会提示公务卡无入口信息,但因公务车使用人的管理地位等原因,出口收费站一般会采取措施允许其通行,这样通行卡就滞留在车上。

(4)出口车道操作不规范,少数收费站存在通过操作车队键将车辆放行(这些情况出口不刷通行卡),也有引导车辆从超宽车道绕过线圈出站的情况。大量卡流失造成整个路网通行卡总数短缺,若补充不及时,会导致个别收费站因 IC 卡库存不足不得不紧急发放备用纸卡。

2. 通行卡流失解决办法

由以上丢卡原因分析可见,要减少通行卡流失,应采取如下措施:

(1)封闭高速公路除出入口外可能的开放处(如服务区等)。

(2)杜绝闯关以及不规范操作。

(3)严格公务卡使用范围和使用程序。对入口领用通行卡的车辆,出口不允许使用公务卡放行。

但要彻底解决卡流失问题,必须从管理体制上采取根本措施。

第二篇　实　务　篇

第六章　收费车型判别

【学习目标】

(1)会按照给定的收费车型标准判断车型；

(2)熟悉常见的车辆车型和特殊车型；

(3)具备道路收费的车型判别基础技能。

【教学活动设计】

(1)以图片或模型的形式让每个学生对给定的车辆进行车型判断；

(2)在实际路段进行车型判别实训。

第一节　高速公路收费车型判别方法

我国高速公路目前通行的车型分类标准有:按车辆载重吨位或座位数分类、按车辆物理参数分类两种。这里参照广东省高速公路管理经验,介绍其判别方法。

一、高速公路收费车型分类

根据广东省的经验,广东省高速公路收费车型分类均按汽车的轴数、轮数、轴距、车头高度的几何外形将汽车划分为五类,具体见表6-1。

收费车型分类表　　　　表6-1

车类(Y)	分类标准				主要车型车种	系数
	轴数(A)	轮数(B)	车头高度(C)	轴距(D)		
一	2	2~4	<1.3	<3.2	小轿车、越野车、小型客货两用车	1
二	2	4	<1.3	≥3.2	面包车、小型厢式货车、轻型货车、小型客车	1.5
三	2	6	≥1.3	≥3.2	中型客车、大型客车、中型货车	2
四	3	6~10	≥1.3	≥3.2	大型货车、大型拖(挂)车、20ft(英尺)集装箱车	3
五	>3	>10	≥1.3	≥3.2	重型货车、重型拖(挂)车、40ft(英尺)集装箱车	3.5

二、收费车型判别方法

收费车型判别采取的是逐级判别法,具体步骤如图6-1所示。

车型判别一环扣一环,确保每种车辆的唯一性。正确理解车型判别方法对避免收费现场纠纷、提高服务质量、树立企业形象等具有重要意义。

三、典型车辆图例

在按车辆物理参数进行车辆分类时,人工判别车型的难点主要在车头高度和轴距两个参数上。收费员判断车型的准确与快慢,主要取决于对车型的熟悉程度。图6-2~图6-6是一些典型车辆的图例。

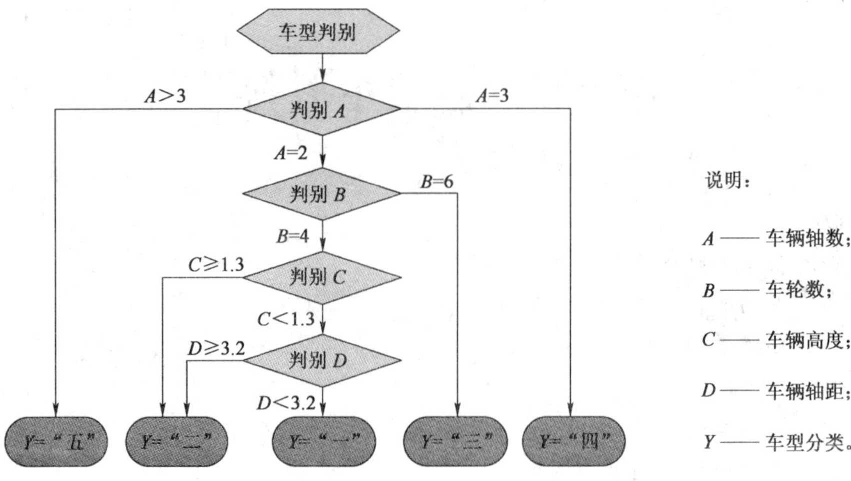

图 6-1　车型逐级判别法

图 6-2　一类车图例

图 6-3　二类车图例

图 6-4　三类车图例

图 6-5　四类车图例

四、车 种 判 别

(一)车种划分

车种是根据车辆收费性质和对其操作的不同而对其划分的不同类型。《广东省高速公路联网收费系统》(DB44/127—2003)中规定，车种分为正常车、免费车、公务车、未付车和车队。

(1)正常车:指通过高速公路需要正常缴纳通行费的车辆。

(2)免费车:指国家及省政府规定免缴通行费的车辆。

(3)公务车:指持有营运单位核发给公务卡的车辆。

(4)未付车:指在出口由于现金不足或发生争执导致暂时无法正常收取通行费的车辆。在驾驶员办理有关手续后先免费放行,过后驾驶员需补交所欠通行费。

(5)车队:指具有特殊性质的,由两辆或两辆以上车辆组成,出入口直接给予放行的车队。

图6-6 五类车图例

(二)其他特殊车种

(1)丢卡车:由于车主原因,出口缴费时丢失通行凭证的车辆。丢卡车按最远程收费,最远程收费是指按联网区域内相对某一出口同一车型的最高通行费金额收取现金通行费。

(2)超时车:进入高速公路在规定时间内未从收费站出口离开的车辆。

(3)逆行车:指按照车辆正常行驶路径不可能出现的入口或标识站信息的车辆。

(4)回头车(U形车):通行凭证中记录出口站与入口站相同的车辆。

(5)换卡车:在行驶过程中驾驶员相互交换通行卡的车辆。

(6)闯关车(冲卡车):入口未进行操作强行驶入高速公路或出口未进行收费操作而强行驶离高速公路的车辆。

(7)倒车:车辆进入高速公路后,驾驶员因种种原因(如走错路)要求倒出来的车辆。

(8)拖车:一辆车拖着另一辆车行驶,属于拖车。

(9)挂车:特指带有挂斗的车辆。

第七章　入口车道操作

【学习目标】

(1)了解目前收费站使用的收费软件;

(2)熟悉收费软件的操作界面;

(3)会用IC卡写卡器写入车型、入口收费站编号等相应数据;

(4)会按入口车道收费操作规程对普通车进行收费操作。

【教学活动设计】

(1)安装、调试收费软件,熟悉软件的各个功能和界面操作;

(2)运用IC卡读、写卡器,车道控制器,收费电脑等设备按入口车道收费操作规程对不同车型进行收费处理;

(3)分组进行模拟收费操作。

第一节　收费系统硬件和软件

一、收费系统简介

这里以广东省高速公路联网收费系统为例,收费系统采用了省级联网收费结算中心、区域结算中心、区域管理点、路段收费中心、收费站和收费车道六级计算机网络结构,采用组合式(封闭式)收费方式。

(一)收费方式及收费凭证

(1)现金支付方式采用集成电路卡为通行卡,入口发卡,出口回收,以通行卡上记录的入口信息、标识站信息为收费依据。

(2)非现金支付方式以储值卡(记账卡)为支付卡。储值卡(记账卡)同时兼作通行卡,以储值卡(记账卡)上记录的入口信息、标识站信息作为收费依据。在通过人工半自动收费车道入口时,驾驶员将储值卡(记账卡)交给发卡员刷卡,到出口时由收费员刷卡后交还驾驶员;在通过电子不停车收费车道入口时,驾驶员将储值卡(记账卡)插进车载机(OBU)中可不停车通过,入口信息自动写入储值卡(记账卡);通过电子不停车收费出口车道时,将储值卡(记账卡)插进车载机中,可不停车通过,收费过程自动完成。

(二)车道系统组成

入口车道系统组成:工控机、显示器、车道专用键盘、非接触式集成电路卡读写器、车道控制器、车辆检测线圈、自动栏杆、路侧读写控制器(RSU)、车道通行信号灯、黄色声光报警装置、雨棚信号灯、亭内/外摄像机等。

出口车道系统组成:工控机、显示器、车道专用键盘、非接触式集成电路卡读写器、票据打印机、车道控制器、费额显示器、车辆检测线圈、自动栏杆、路侧读写控制器、车道通行信号灯、黄色声光报警装置、雨棚信号灯、亭内/外摄像机、语音报价器等。

车道主要设备布局如图 7-1 所示。

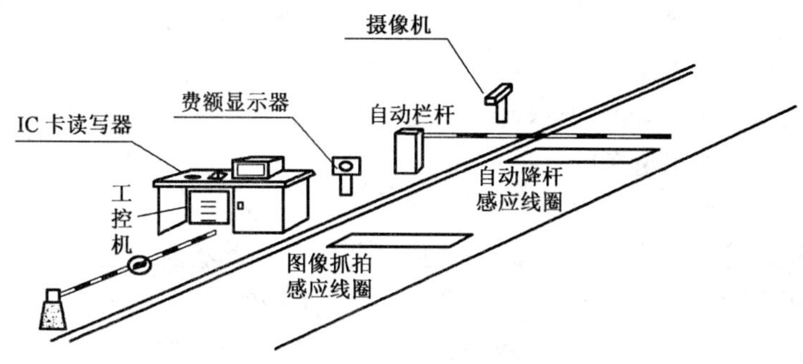

图 7-1 车道主要设备布局

(三)车道设备及功能

1. 工控机

工控机用于提供收费员输入操作界面,并控制键盘、显示器、非接触集成电路卡读写器、票据打印机、车道控制器等设备有序运行。

2. 显示器

显示器用于显示各种反馈信息,与工控机配合使用。

3. 专用键盘

专用键盘用于接收收费员的操作指令并发送给工控机,如图 7-2 所示。

图 7-2 收费专用键盘

(1)控制键包括:

【抬杆】键:用于强迫自动栏杆抬起。

【降杆】键:用于强迫自动栏杆降落。

【交班】键:用于开启、结束一个班次和暂离岗:

【取消】键:用于取消上一步操作。

【确认】键:用于允许正常(车辆)通过、确认输入信息、确认公务车车牌号、确认储值卡(记账卡)消费。两个【确认】键,同一功能。

(2)特殊处理键包括:

【车队】键:使车队通过。

【军警车】键:使免费通过。

【挂车】键:使挂车通过。

【倒车】键:进行倒车操作。

【坏卡】键:用于对坏卡查询的处理。

【未付车】键:用于对未付车的处理。

【换卡】键:用于对换卡车的处理。

【重打】键:发票打印不清、不全,需要重打一张时使用(此功能只能重打一张)。

【手工】键:用于紧急情况下(读写器故障)代发手工票的处理。

【修改】键:在车辆未离开感应线圈时用于修改车型、车种、发票号等。

【管理】键:用于取消感应线圈控制、关顶棚信号灯、软盘拷贝等操作。

【查询】键:用于根据卡号查询车辆入口信息。

4. IC 卡读写器

IC 卡读写器用于对 IC 卡写入信息或读取 IC 卡的信息。

5. 票据打印机

它是安装在出口车道收费亭中具有发票打印功能的打印机。

6. 车道控制器

车道控制器可根据工控机发出的信号对相连接的设备进行控制,如自动栏杆、雨棚信号灯车道通行灯、费额显示器、语音报价器、声光报警器等。

7. 手动栏杆

手动栏杆用于关闭或打开车道的装置。

8. 自动栏杆

自动栏杆由计算机控制其升降,以防止未经处理的车辆驶离收费站的栏杆。

9. 路侧读写控制器

该装置安装在电子不停车收费车道路侧立柱或车道上方天棚(或门架)上,一般由车道天线和天线控制器等单元组成。读写器受车道计算机控制,通过微波通信方式对车载机内的数据进行读写、交换等处理。

10. IC 卡半自动卡箱

IC 卡半自动卡箱内部集成非接触 IC 卡读写器和天线,融合了卡管理功能的自动化 IC 卡读写设备,具有收卡、读写、记数、卡储存、管理交接等功能,是提高收费管理水平的重要设备。

11. 雨棚信号灯

它是指示车道打开或关闭的设备,车道打开时为绿色,显示"↓",车道关闭为红色,显示"×"。

12. 车道通行灯

它是指示驾驶员可以驶离车道的设备。自动栏杆处于水平状态时为红灯,自动栏杆处于垂直状态时为绿灯。

13. 前/后感应线圈

前/后感应线圈埋在车道下面,用于感知车辆是否到达、驶离的感应装置。前线圈主要用来感应是否有车辆到收费车道指定位置,后线圈感应车辆离开后控制自动栏杆为水平状态。

14. 声光报警器

该装置用于当发生特殊事件时，由计算机控制能发出声和光报警的装置。

15. 费额显示器(仅用于出口车道)

该装置用于室外向驾驶员显示车型、应缴费额的显示装置。

16. 语音报价器(仅用于出口车道)

该装置安装在窗口处具有语音报价功能的扬声装置。

17. 亭内摄像机

该装置安装在收费亭内，通过视频传输系统将收费亭内动态信息传送到监控中心，以便稽查员和监控员对收费员的操作进行监控。

18. 车道摄像头

该装置装在收费岛上，通过视频传输系统将车道图像传送到监控中心，以便稽查员和监控员对收费员操作的过往车辆进行监控。

二、车道收费软件

出口收费员刷身份卡或输入工号和密码上班后，自动登录到操作系统操作界面，如图 7-3 所示。

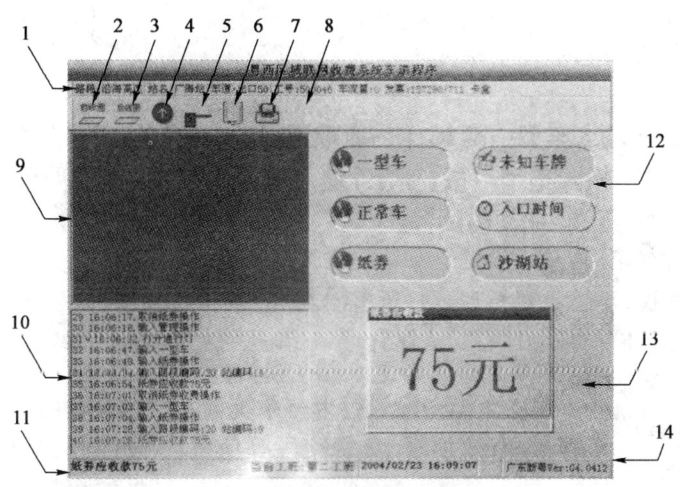

图 7-3 登录到操作界面

1-路段名、站名、车道号、收费员及当班信息；2-前线圈状态图标；3-后线圈状态图标；4-雨棚信号灯状态图标；5 自动栏杆状态图标；6-读卡器状态图标；7-打印机状态图标；8-预留设备状态图标位置；9-车道图像监视区域；10-操作流水显示区域；11-操作结果提示区域；12-车型、车种及入口信息；13-收费员操作信息显示区域；14-当前工班号、系统日期时间及系统版本号

第二节 收费系统入口操作规程

一、车道操作规程

(一)有关定义

(1)工班日：指营运单位统一以每 24h 为一个工作日，一般从上午 7:00 至次日上午 7:00。

(2)班次偏移量:系统根据班次自动判断班次时间,但是收费员不可能正好在正点交班,系统在每一个班次临近下班的时间设置了允许收费员进行交班的一段时间。

(二)入口上下班操作流程

(1)上班:

①当显示"无人当班,按(确认)键上班"时:按【确认】键→刷身份卡。

②当显示"无人当班,按(确认)键返岗"时:按【交班】键→按【确认】键→刷身份卡。

(2)下班:

按【交班】键→按【确认】键。

(三)正常车操作流程

入口

使用IC卡时:输入车型→刷IC卡。

使用通行券时:输入车型→【手工】键。

当刷IC卡后,自动栏杆不抬杆,如流水记录"刷卡成功",则按【抬杆】键放行。

二、收费车道处理流程

(一)车道工班处理

1. 工班开始处理

(1)收费员进入收费亭,按【上班】键登录。

(2)系统提示收费员进行身份认证。收费员将身份卡置于IC卡读写器上,并输入密码。如密码正确,开始下步工作;如密码不正确,系统可再提供两次重新输入的机会,若三次均不正确,则车道收费机拒绝该收费员登录,同时,在收费站机房工作站上进行报警提示。

(3)收费员正式登录后,车道收费机对车道收费设备进行自检。

(4)对于出口车道,车道收费机提示收费员输入票据起始号码。

(5)车道收费机控制监视器屏幕进入工作窗口,车道通行灯开启为红色,键盘上与收费处理有关的按键处于"激活"状态。

(6)车道收费机将"工班开始"信息上传至收费站。

(7)收费员打开手动栏杆并将天棚信号灯置"绿",允许车辆进入。

2. 工班交接处理

(1)下班收费员在完成当次收费处理后将天棚信号灯置"红",按【下班】键。

(2)车道收费机对下班收费员进行身份认证。

(3)在收费员通过身份认证后,车道收费机将"工班结束"信息上传至收费站。

(4)车道收费机提示上班收费员进行身份认证。

(5)在收费员通过身份认证后,若是出口车道,则上下两班收费员共同确认上班收费员的票据起始号码,并输入车道收费机。

(6)车道收费机将本班"工班开始"信息上传至收费站。

(7)本班收费员开始车道收费处理。

3. 工班结束处理

(1)收费员关闭手动栏杆并将天棚信号灯置"红"。

(2)收费员在处理完进入本车道的全部车辆后,按【下班】键,车道收费机对收费员进行身份认证。

(3)车道收费机控制自动栏杆保持关闭状态,车道信号灯灭,车辆检测器及车道摄像机均保持工作状态。

(4)车道收费机监视器进入“车道关闭”状态,屏幕上可显示收费站名称、车道号码、日期、相关外设的状态等。键盘上的按键除【上班】及【维修】键外,均处于“失效”状态,但车道收费机保持工作状态。

(5)车道收费机将“工班结束”信息上传至收费站。

(二)入口车道收费处理

1. 正常车收费处理

(1)车辆驶入车道,停在收费亭旁,收费员目判车型并按键盘上相应的车型键。

(2)若设置了车牌自动识别系统,则设置在收费亭侧的存在线圈触发摄像机抓拍车牌号码,并进行自动识别。当车牌号识别失败时,车道收费机提示收费员输入车牌号码的后4位。

(3)在没有设置车牌自动识别系统时,则由收费员输入车牌号的后4位。

(4)在刷通行卡前,对已输入的车型及车牌号码可利用【更改】键进行修改。

(5)收费员刷通行卡,车道收费机将在通行卡内写入下列信息:

①入口收费网络号;

②入口收费站代码;

③入口收费车道代码;

④入口时间;

⑤入口班次;

⑥收费员代码;

⑦车种;

⑧车型;

⑨车牌号码等。

(6)收费员将通行卡交给驾驶员,同时,车道收费机控制自动栏杆打开、车道通行信号灯变为绿色。

(7)车辆驶出入口收费车道,在经过通过线圈时,车辆检测器向车道收费机发送信号。

(8)该信号控制车道通行信号灯变为红色,自动栏杆机关闭,同时,使车道收费机内车辆通过计算器加1,并允许下一收费处理周期开始。

(9)本次收费处理数据上传至收费站和省收费结算中心,数据内容主要包括:

①入口收费站代码;

②入口收费车道代码;

③车型;

④车种;

⑤车牌号码;

⑥收费员代码;

⑦通行卡卡号;

⑧通过的日期、时间等。

第八章　出口车道操作

【学习目标】

(1)了解目前收费站使用的收费软件;

(2)熟悉收费软件的操作界面;

(3)会用IC卡读卡器读出车型、入口收费站编号等相应数据;

(4)根据读出的结果,运用收费软件对相应车型进行收费操作;

(5)会按出口车道收费操作规程对普通车进行收费操作。

【教学活动设计】

(1)根据收费的实际情况,引导学生自行完成收费过程;

(2)运用IC卡读、写卡器、车道控制器、收费电脑等设备按入口车道收费操作规程对不同车型进行收费处理;

(3)分组进行模拟收费操作;

(4)分析、判断入口、出口车道收费的特点,对相应设备安置提出改进建议。

第一节　收费系统出口操作规程

一、出口上下班操作流程

(1)上班:

①当显示"无人当班,按(确认)键上班"时,按【确认】键→刷身份卡→按【确认】键→输入卡盒号(卡箱管理不用此步骤)→按【确认】键。

②当显示"无人当班,按(确认)键返岗",按【交班】键→按【确认】键→刷身份卡按【确认】键→输入卡盒号和票管员提供的原卡盒内张数→按【确认】键。

(2)下班:

按【交班】键→按【确认】键。

二、正常车操作流程

出口使用IC卡时:输入车型→刷IC卡→收取通行费→按【确认】键。

出口使用通行券时:输入车型→按【手工】键。输入入口站路段编号和站编号→按【确认】键→收取通行费→按【确认】键。

三、收费车道处理流程

(一)车道工班处理

1. 工班开始处理

(1)收费员进入收费亭,按【上班】键登录。

(2)系统提示收费员进行身份认证。收费员将身份卡置于IC卡读写器上，并输入密码。如密码正确，开始下步工作；如密码不正确，系统可再提供两次重新输入的机会，若三次均不正确，则车道收费机拒绝该收费员登录，同时，在收费站机房工作站上进行报警提示。

(3)收费员正式登录后，车道收费机对车道收费设备进行自检。

(4)对于出口车道，车道收费机提示收费员输入票据起始号码。

(5)车道收费机控制监视器屏幕进入工作窗口，车道通行灯开启为红色，键盘上与收费处理有关的按键处于"激活"状态。

(6)车道收费机将"工班开始"信息上传至收费站。

(7)收费员打开手动栏杆机并将天棚信号灯置"绿"，允许车辆进入。

2. 工班交接处理

(1)下班收费员在完成当次收费处理后将天棚信号灯置"红"，按【下班】键。

(2)车道收费机对下班收费员进行身份认证。

(3)在收费员通过身份认证后，车道收费机将"工班结束"信息上传至收费站。

(4)车道收费机提示上班收费员进行身份认证。

(5)在收费员通过身份认证后，若是出口车道，则上下两班收费员共同确认上班收费员的票据起始号码，并输入车道收费机。

(6)车道收费机将本班"工班开始"信息上传至收费站。

(7)本班收费员开始车道收费处理。

3. 工班结束处理

(1)收费员关闭手动栏杆并将天棚信号灯置"红"。

(2)收费员在处理完进入本车道的全部车辆后，按【下班】键，车道收费机对收费员进行身份认证。

(3)车道收费机控制自动栏杆保持关闭状态，车道信号灯灭，车辆检测器及车道摄像机均保持工作状态。

(4)车道收费机监视器进入"车道关闭"状态，屏幕上可显示收费站名称、车道号码、日期、相关外设的状态等。键盘上的按键除【上班】及【维修】键外，均处于"失效"状态，但车道收费机保持工作状态。

(5)车道收费机将"工班结束"信息上传至收费站。

(二)出口车道收费处理

1. 正常车收费处理

(1)车辆驶入车道，停在收费亭旁，收费员目判车型并按键盘上相应车型键，同时，收费员应判别车种，按车种键。

(2)若设置了车牌自动识别系统，则设置在收费亭侧的存在线圈触发摄像机抓拍车牌号码，并进行自动识别。当车牌号码识别失败时，车道收费机提示收费员输入车牌号码的后4位。

(3)若没有设置车牌自动识别系统，则由收费员输入车牌号的后4位。

(4)在刷通行卡前，对已输入的车型、车种及车牌号码可利用"更改"键进行修改。

(5)收费员将从驾驶员处回收的通行卡置于IC卡读写器上读取书内的数据。

(6)车道收费机将卡内存放的入口信息与出口数据进行比较，如没有异常情况，车道收费机则根据入口收费站代码计算行驶里程，并根据车型计算出相应收取的通行费。

(7)在车道收费机监视器屏幕及费额显示器上同时显示车型及应收取的通行费。

(8)驾驶员交费，收费员完成收费操作后按【确认】键，车道收费机控制收据打印机打印收据，同时控制自动栏杆打开、车道通行灯变绿，允许车辆驶出车道。

(9)车辆驶出出口收费车道，在经过通过线圈时，车辆检测器向车道收费机发送信号。

(10)该信号控制车道通行信号灯变为红色，自动栏杆关闭，同时，使车道收费机内车辆通过计数器加1，并允许下一收费处理周期开始。

(11)本次收费处理数据上传至收费站和省收费结算中心，数据内容主要包括：

①入口收费处理的数据；

②出口收费站代码；

③出口收费车道代码；

④出口日期和时间；

⑤出口收费员代码；

⑥出口判断车型；

⑦出口判断车种；

⑧出口输入的车牌号码；

⑨通行费费额；

⑩标识站代码等。

出口车道收费处理流程如图8-1、图8-2。

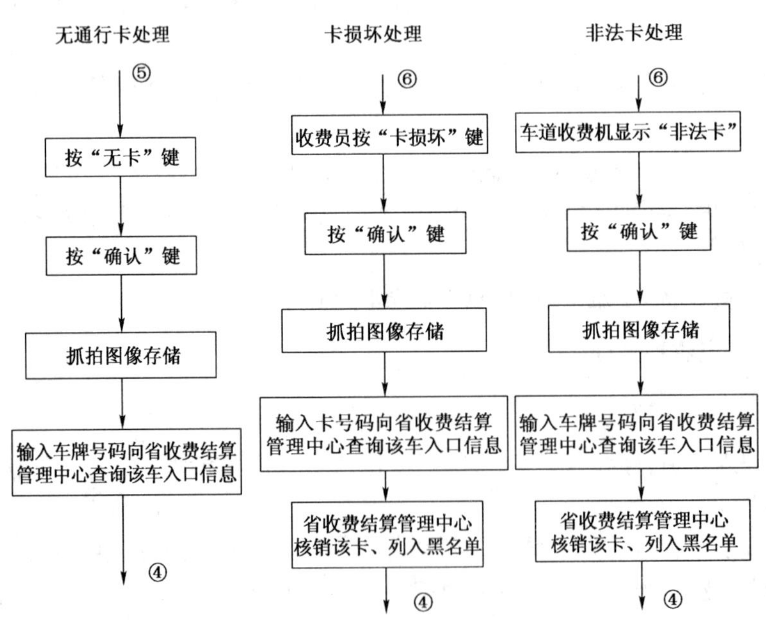

图8-1　出口车道收费处理流程图(一)

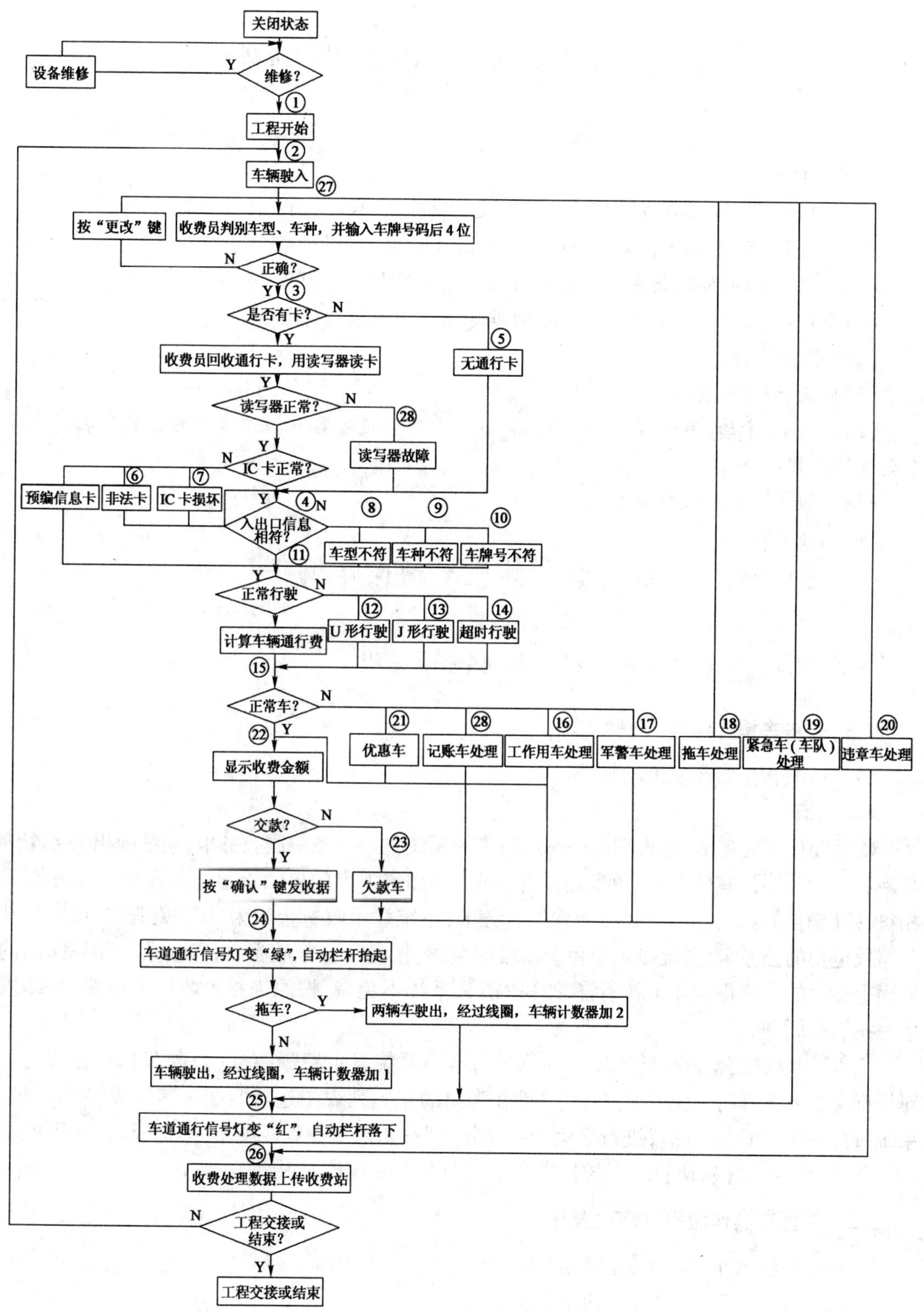

图8-2 出口车道收费处理流程图(二)

第九章　特殊车辆处理操作

【学习目标】

(1)熟悉目前高速公路或其他收费道路收费软件的操作界面;

(2)会用IC卡写、读卡器写入、读出车型、收费站编号等相应数据;

(3)根据读出的结果,运用收费软件对相应车型进行收费操作;

(4)会按入、出口车道收费操作规程对非普通车进行收费操作。

【教学活动设计】

(1)安装、调试收费软件;

(2)运用IC卡读、写卡器,车道控制器、收费电脑等设备按入口车道收费操作规程对不同车型进行收费处理;

(3)分组进行模拟收费操作。

第一节　其他车辆操作规程

一、其他车操作流程

(一)公务车操作流程

(1)入口:按正常车发IC通行卡。

(2)出口:

①驾驶员有公务卡:输入车型→刷通行卡→系统显示费额→刷公务卡,系统弹出公务车牌判断界面(车牌号、有效期限、免费路段等信息)→如果弹出的界面上显示的车牌跟实际车牌相符,按【确认】键,对于所有路段免费的公务卡,系统显示收费金额为“0”,免费放行;对于部分路段免费的公务卡,系统显示非免费路段的金额,按显示金额收费,打印发票。如果弹出的界面上显示的车牌跟实际车牌不符,按【取消】,系统不免费,按原来报价收取通行费,打印发票→按【确认】键。

②驾驶员没带公务卡:输入车型→刷通行卡→系统显示费额→按【公务车】键,在弹出的对话框中输入车牌后三位,用【备↓↑】键在弹出的车牌列表中选择匹配车牌后按【确认】键,系统按公务车牌的免费路段进行全免费或部分免费;如果未找到匹配车牌,选择“未找到匹配的车牌号”选项,按【确认】键,系统按正常车收费。

(二)军警车操作流程(即手工操作)

(1)入口:输入车型→按【军警车】键。

(2)出口:输入车型→按【军警车】键。

(三)车队的操作流程

(1)入口:按【车队】键→车队过后→按【确认】键。

(2)出口:按【车队】键→车队过后→按【确认】键。

(四)丢卡车的操作流程

输入车型→按【丢卡】键→刷班长身份卡→收取通行费→按【确认】键。

(五)拖车的操作流程(军警车拖正常车)

输入车型→按【军警车】操作第一辆车(即拖车)→按【管理】键→选择“2.取消一次线圈控制”→按【正常车】操作方法操作第二辆车(即被拖车)。

(六)未付车的操作流程

输入车型→刷 IC 卡→按【未付车】键→刷班长身份卡→按【确认】键。

(七)挂车的操作流程

(1)入口:输入车型→刷 IC 卡→按【挂车】键→按【确认】键。

(2)出口:输入车型→刷 IC 卡成功→收取通行费→按【确认】键→按【挂车】键→按【确认】键。

(八)特殊键操作(车未离开线圈)

1.【倒车】键(只对入口操作有效,且车未离开线圈)

(1)发卡员已刷 IC 卡,驾驶员要求倒车:按【倒车】键→刷刚操作的 IC 卡(对倒车正常操作完成回收的 IC 卡,可再发出)。

(2)当发卡员已刷 IC 卡,驾驶员才出示储值卡(记账卡):按【倒车】键→刷刚操作的 IC 卡→重新输入车型→刷储值卡(记账卡)。

(3)当发卡员储值卡(记账卡)或 IC 卡操作成功,发现车型判断错误,要修改车型:按【倒车】键→刷刚刷的储值卡(记账卡)或 IC 卡→输入正确车型→再刷储值卡(记账卡)或 IC 卡。

2.【修改】键(车未离开线圈时使用)

(1)入口修改车型:

没有刷卡的情况下:按【取消】键→输入正确车型→刷 IC 卡。

(2)出口修改车型:

①当刷卡成功后显示费额时,发现车型不符:刷班长身份卡→直接按正确的车型。

②如果已经刷卡操作、电脑发票已出、自动栏杆已抬起,但车还未离开:按【修改】键→刷班长身份卡→刷 IC 卡冲减原来记录→输入正确的车型→再刷 IC 卡→按【确认】键。

③对持储值卡(记账卡)车辆错判车型并已确认了收费;按【修改】键→班长输入工号密码确认→刷记账卡→输入正确的车型→重刷记账卡(禁止拿开)→按【确认】键扣款(储值卡不能进行修改,由站场管理人员开具储值卡异常情况处理证明)。

(3)修改发票号:

①下班状态:按【确认】键→按【修改】键→刷班长身份卡→输入发票号。

②离岗状态:按【管理】键→选择“7.票据号码修改”→输入发票号。

③上班状态:按【管理】键→选择“10.票据号码修改”→输入发票号。

3.【坏卡】键

按【坏卡】键→输入卡号→如查找成功按【确认】键;查找不成功按【取消】键。

如果系统没有查询到该卡的入口信息，按【取消】键后系统弹出输入入口站编号的对话框，收费员通过电话报监控查询，如果监控员能查到入口站，按输入入口站路段编号和站编号后正常收费；如果查不到入口站，则按驾驶员提供的入口站收费。

4.【重打】键（只用于出口，车辆通过后线圈后操作无效）

按【重打】键→刷班长身份卡→按【确认】键。

（九）【管理】键菜单部分功能简述

（1）“1. 取消一次线圈控制”：操作拖车或系统提示“线圈禁止刷卡”时使用。

（2）“4. 打开顶棚灯”：返岗时使用。

（3）“5. 关闭顶棚灯”：暂离岗时使用。

（4）“9. 重连读卡器”：当读卡器不能读写时使用。

（5）“10. 票据号码修改”：发现发票号码与电脑显示不符修改号码时使用。

（6）“11. 发票剩余数录入”：新装入发票和在使用过程中出现卡纸等原因，造成的剩余发票张数与电脑显示不符时使用。

（7）“12. 换卡盒”：当卡盒满（500 张），需更换卡盒时使用。

（十）其他

（1）当出入口有闯关车时，系统会弹出“按（确认）键确认闯关”，如属正常收费车闯关按【确认】键，如果是免费车或设备原因造成的“闯关”按【取消】键。

（2）当出口刷 IC 卡显示费额时，正常车冲卡，系统会弹出“按（确认）键确认闯关”，此时先按【确认】键确认闯关，再按【军警车】键将费额清零。

（3）对“超宽车”，如超宽车道无安装收费设备，先由收费（发卡）员在值守车道刷卡操作，再由班长（督导）在超宽车道打开栏杆放行；如超宽车道有设备，则由另一收费人员到超宽车道进入系统操作放行。

（4）对“超时车”，当刷 IC 卡后系统会提示为“超时车”，先按【取消】键确认超时，再按显示费额收费或按【军警车】键、刷公务卡操作。

二、收费车道处理流程

（一）入口车道收费处理

1. 军警车收费处理

对于军警车辆，收费员除目判车型并按相应车型键外，还应按【军警车】键，使车道收费机在写通行卡时，能够在卡内完成“军警车”的标识，并在本次收费处理记录中注明为军警车。其他的收费处理流程同普通车。

2. 工作用车

在入口收费车道，其收费处理同普通车。

3. 优惠卡车

在入口收费车道，其收费处理同普通车。

4. 记账车

在入口收费车道，其收费处理同普通车。

5. 违章车

在收费员输入车型、尚未刷卡前,车辆驶过收费车道末端的通过线圈,车道收费机自动触发车道上的声光报警器及收费站机房的报警装置,并自动产生违章车记录。报警信号由收费员按【确认】键取消或延时后自动取消。

违章车处理数据同时上传至收费站和省收费结算中心。

6. 紧急车(含车队)

收费员按【紧急车】键,再按【确认】键,车道收费机控制自动栏杆打开、车道通行信号灯变为绿色,车道声光报警器及收费站机房报警装置同时报警,单车或车队通过,通过线圈计数,车道收费机自动产生紧急车处理记录,并上传至收费站和省收费结算中心。收费员按【确认】键,取消"紧急车"状态,报警器停止报警,自动栏杆关闭,车道通行信号灯变为红色,等待下辆车进入车道。

7. 发预编码卡

当入口收费车道 IC 卡读写器发生故障时,收费员按【预编码卡】键,再按【确认】键,此操作将触发收费站工作站报警。收费员发预编码卡,车辆放行。该车道不再允许车辆进入。

对于已进入车道的车辆,收费站在按正常车进行收费处理的基础上,按上述处理方式,按【预编码卡】键,发预编码卡。

收费站值班人员应立即派人维修或用备用 IC 卡读写器代替。

(二)出口车道收费处理

1. 军警车收费处理

收费员在输入车型后,按【军警车】键。此时,车道摄像机抓拍该车的图片并存入车道收费机。收费员刷通行卡后,按【确认】键,车道收费机控制自动栏杆打开、通行信号灯变绿、车辆驶出。该次处理记录上传至收费站和省收费结算中心(包括抓拍图片)。

2. 工作用车

车辆驶入车道,收费员输入车型及车牌号码,收费员在刷完通行卡后,继续刷驾驶员出示的工作专用卡并核对车牌。若准确无误按【确认】键,否则,向收费站值班人员报警。车道摄像机抓拍的该车图片存入车道摄像机。车道收费机控制自动栏杆打开、通行信号灯变绿,车辆驶出车道。该条记录上传至收费站和省收费结算中心(包括抓拍图片)。

3. 优惠卡车

持优惠卡的车辆,其处理流程基本同工作用车,车道收费机根据卡内的优惠条件确定应收取的通行费,并在监视器屏幕及费额显示器上显示出应交费额。驾驶员交费后,收费员按【确认】键,收据打印机打印收据,自动栏杆抬起,通行信号变绿,车辆放行。该条记录上传至收费站和省收费结算中心(包括抓拍图片)。

4. 记账卡车

持记账卡车辆的处理基本同优惠卡车。记账卡车是否交费则取决于其是否超出了卡内规定的有效范围。如需交费,车道收费机监视器屏幕及费额显示器上显示出应交费额。驾驶员交费后,收费员按【确认】键,收据打印机打印收据,自动栏杆抬起、通行信号灯变绿,车辆放行。该条记录上传至收费站和省收费结算中心(包括抓拍图片)。

5. 违章车

同入口收费车道的违章车处理，但应尽可能抓拍该车的图片。

6. 紧急车(含车队)

同入口收费车道的紧急车(含车队)处理，但应尽可能抓拍车辆的图片。

7. 拖车的处理

拖车进入收费车道后，驾驶员出示清障车卡，收费员刷卡后，如被拖车可以交费，则完成被拖车的正常收费处理，否则收收费员按【确认】键，车道通行灯变绿，自动栏杆抬起，两辆车一起驶出车道，车辆计数器加2，自动栏杆关闭、通行信号灯变红，该条记录上传至收费站和省收费结算中心(包括抓拍图片)。

8. 入出口数据不符(车型、车情、车牌号码不一致)的处理

当出口收费员收回驾驶员持有的通行卡，并在IC卡读写器上读取入口数据时，如出现出口收费员判断的车型不符或车种不符的情况，抓拍的该车图像会存入车道收费机。在车道收费机上传的收费处理数据应包括该抓拍图片。车道收费机提示“车型或车种不符”，收费员可更改车型或车种后继续完成收费。

如果出现入出口输入的车牌号码不一致的情况，车道摄像机抓拍的该车图像存储，同时，若入口设置了车牌自动识别系统或入口车道图像抓拍系统，可判定该车是否为换卡车，应按照路网内各公司共同商定的原则收取通行费；若入口没有设置车牌自动识别系统或入口车道图像抓拍系统，收费员应立即通知收费站值班员，由值班员确定如何处理。

在发生纠纷情况下，若入口车道收费记录中有自动识别的车牌号码或抓拍图片，收费员可在车道收费机上利用通行卡的卡号向省收费结算中心查询入口记录，作为判定该车是否为换卡车的依据。

9. 非正常车行驶(U形、J形、超时等)的处理

车道收费机可根据读入的通行卡内的入口收费数据，自动判断该车是否为非正常行驶。若该车被判定为U形或J形行驶，则车道收费机根据路网内各公司共同商定的原则确定该车应交的通行费，若该车超时行驶，收费员应问明超时的原因。如超时原因不正常，收费员应立即通知收费站值班员，由值班员确定如何处理。

当出现非正常行驶情况时，该抓拍图片记入该车的处理记录中。

以上操作流程，如第八章图8-2所示。

10. 非正常卡(卡损坏、卡丢失、非法卡、预编信息卡)的处理

当出现由于卡损坏、卡内信息无法读出的情况时，收费员应按【坏卡】键，并在车道收费机上利用通行卡号向省收费结算中心查询入口收费数据，根据查询结果计算通行费，同时，省收费结算中心自动核销该通行卡，该卡号列入黑名单。若收费员确认通行卡为人为损坏，应立即通知收费站值班员，由值班站长处理。

当通行卡丢失时，收费员按【无卡】键，再按【确认】键，在车道收费机上利用车牌号码向省收费结算中心查询该车的入口信息，确定该车应交的通行费，同时，立即核销该通行卡，将该卡号列入黑名单。驾驶员除交付应交的通行费外，还应支付丢失的通行卡的成本费。

当车道收费机判断通行卡为“非法卡”时，如非收费状态卡、系统已核销的卡(列入黑名单)、出口已读过的卡或非本系统卡，收费员应没收该卡并按【无卡】键，按无卡车处理。

对于持预编码卡的车辆，车道收费员除不进行车种、车牌号的核对，不做超时行驶的判断外，其余处理同正常车辆。

对于卡损坏、卡丢失及非法卡的情况，车道摄像机抓拍的该车图像记入该车的处理记录中，如图 8-1 所示。

11. 黑名单卡(不含通行卡黑名单)

对于使用工作专用卡、优惠卡及预付卡的车辆，系统在读取上述卡片时，自动与黑名单中的卡号进行比较。如发现该卡处于黑名单中，立即进行提示，收费员则没收卡片，同时，按正常车辆进行收费处理。车道摄像机抓拍的该车图像记入该车的处理记录中。

12. IC 卡读写器故障

当出口 IC 卡读写器故障时，收费员立即通知收费站值班员用备用 IC 卡读写器代替。对于已进入收费车道的车辆，则根据通行卡号利用车道收费机向省收费结算中心查询入口收费记录，完成收费处理。车道摄像机抓拍的该车图像记入该车的处理记录中。

13. 欠款车

当驾驶员无现金或现金不足时，收费员按【欠款车】键，填写欠款单，并立即通知收费站值班人员处理。车道摄像机抓拍的该车图像记入该车的处理记录中。

(三)其他处理

1. 取消处理

当收费员完成全部收费操作后，发现操作有误，收费员可按【更改】键，重新输入车型、车种及车牌号码，重新进行一次收费操作。该【更改】键的操作需写入前次操作记录，查明前次操作取消，同时，车道摄像机(出口车道)抓拍的该车图像记入前次收费处理记录中。

2. 逆行车的处理

车辆逆行驶入车道，通过线圈向车道收费机发出信号，车道收费机启动声光报警器并同时在收费站机房报警。车道收费机产生“逆行车”记录，报警在延迟规定的时间后自动解除。

3. 未处理车

在收费车道关闭时，车辆驶入车道，通过线圈向车道收费机发出信号。车道收费机启动声光报警器，并同时在收费站机房报警。车道收费机产生“未处理车”记录。报警在延迟规定的时间后自动解除。如在出口车道，车道摄像机还应抓拍该车的图像并记入“未处理车”的记录中。

4. 倒车处理

在收费员刷卡前，如果车辆要从车道倒回，收费员可按【更改】键，取消已输入的数据，车辆倒出后，正常开始下辆车的处理。在收费员刷卡后，收费员按【更改】键，该【更改】键的操作写入本次操作记录，表示本次操作取消，车辆倒出车道。如在出口车道，则需抓拍该车图像并记入本次收费处理数据中。

5. 线圈故障

当车道上的通过线圈发生不能检测或长期发出检测信号的故障时，应关闭车道并通知收费站值班人员进行维修。对于已进入收费车道的车辆，收费员按【模拟】键后进行处理，此时，自动栏杆的打开和关闭以及通行信号灯的红绿转换，由收费员通过键盘人工控制。系统作为特殊事件进行记录，如在出口车道，还需抓拍图像并记入该车的处理记录中。

（四）维修处理

维修人员在对收费车道进行维修时，需持维修卡登录车道收费机。维修人员按【维修】键，车道收费机提示维修人员进行身份认证。维修员将维修卡置于IC卡读写器上并输入密码。若密码正确，开始维修工作，维修信息上传至收费站计算机；若密码不正确，系统可再提供两次重新输入的机会。若三次均不正确，则车道收费机拒绝该维修人员登录，同时在收费站机房报警。

系统对维修员所做的操作及产生的数据均写入流水文件，维修期间产生的车辆计数信息、收费处理数据等均不纳入收费数据统计范围内。

第十章　异常事件处理

【学习目标】

(1)具备处理收费岗位异常事件的管理能力；

(2)具有对收费站、亭附近发生的交通事故进行处理的能力；

(3)具有对突发的治安事件进行处理的能力；

(4)具有对发生自然灾害如火灾进行处理的能力；

(5)具有处理其他如节假日高峰流等异常事件的能力。

【教学活动设计】

(1)模拟突发异常事件让学生提出处理方案并进行讨论点评；

(2)组织进行异常事件处理方案征集和演示活动；

(3)由教师提示处理要求，学生在规定时间内，分析、判断各种方案的优缺点。

第一节　收费岗位异常事件处理

收费站异常事件主要分为：交通事故、治安案件、火灾事件、自然灾害及收费运作异常事件，处理的原则是反应快速、处理及时、维护现场、疏导交通、救人第一、保护财产、抑制事扩、受损最低，一般处理程序如图10-1所示。

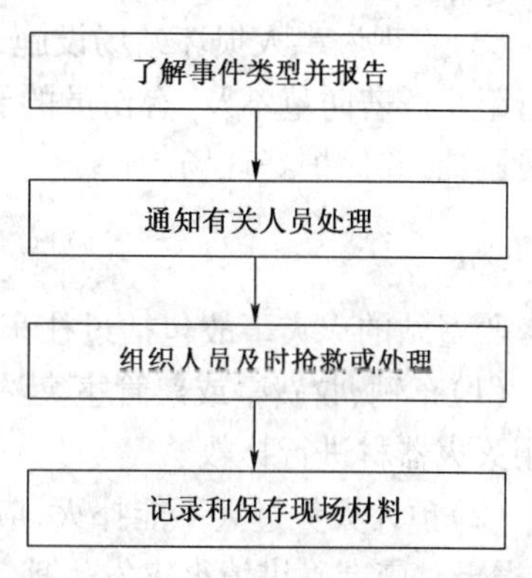

图10-1　收费站异常事件处理程序

一、交通事故

站场交通事故是指车辆在站场及附近发生的事故，包括特大交通事故、重大交通事故、一般交通事故、轻微交通事故。

(1)两台车轻微碰撞时，由肇事双方决定是否需要通知交警前来处理。需要交警前来处理的，应及时关闭车道，上报监控中心，站场管理人员做好车辆疏导工作，避免站场塞车。如肇事双方决定私下处理的，则要求双方将车辆驶离车道，站场管理人员事后上报监控中心。

(2)如遇较大的交通事故，应马上封闭车道，并另外开启车道收费，疏导广场车辆。同时上报监控中心通知高速公路交警和路政人员前来处理。

(3)遇有人员伤亡，要帮助拦截车辆，护送伤者到附近医院抢救，必要时通知监控中心打120援救。

(4)如有车辆撞毁，损坏站场设施时，当班管理人员应在保证人身安全的条件下，立即拦停该车，并将情况上报监控中心，保护好事故现场，不准事故车辆驶离现场。

(5)收费站场如遇因交通事故引致的危害性很大、有可能严重危及整个收费广场人员生命财产安全的事件(如车辆装载炸药、易燃化工原料、有毒气体时)，收费站当值人员应采取果断措施，及时疏通车辆和疏散人员到安全地方，同时报告监控中心。

二、治 安 案 件

治安案件是指自然人违反《刑法》、《治安条例》等法律、法规的行为事件。收费站发生的治安案件包括盗窃、抢劫、破坏设施、武力威胁、殴打或掳走站场工作人员等。

（一）防盗防抢处理程序

（1）当班站岗人员要密切注意收费广场周围情况，加强广场巡查；监控中心利用广场监控系统不定时巡查广场周围，及时发现并通知广场人员消除各类安全隐患。

（2）收费员、发卡员上岗时要反锁收费亭门，离亭时要锁上门窗，发现有人打劫收费亭时，收费员应迅速关好玻璃窗，并上报监控中心。

（3）发现小偷正在作案时，必须保持镇静，迅速上报监控中心进行录像和报警。广场人员足够时，在做好安全防备措施的情况下，组织力量积极追捕；记住犯罪嫌疑人的特征、逃跑方向及被劫被盗物品的种类、样式，注意保护好现场，积极配合公安机关做好侦缉工作。

（4）及时上报监控中心，并做好记录，事后要以书面形式报告事情经过。

（二）防破坏防伤害处理程序

（1）当在收费广场发现不明身份的滋事人员时，应首先报告监控中心，监控中心对全过程进行录像。属于叫骂之类情形，做好文明服务工作，耐心解释，劝其离开收费站，不得与其对骂、争吵，避免进一步扩大事态。如发现滋事人带有攻击性的器械或有暴力倾向时，应做好安全防范工作（如：要求监控中心拨打110报警）。

（2）发现滋事人损坏站场设施，上报监控中心进行录像并报警，在保证人身安全的情况下进行阻止。若防范不及，有伤员的要及时送医院抢救，同时通知监控中心报警，有条件的组织人员围捕，并保护好现场。

三、火 灾 事 故

收费站的火灾事故包括过往车辆火灾爆炸事件及票管室、设备房等相关场地火灾事故。

（1）车辆、收费亭或票管室突然起火，如火势较小，在确保自身安全的情况下，当班人员可利用灭火器材进行扑救。

（2）预计火势过大不能扑灭，应迅速向监控中心和有关部门汇报，监控中心立即向119报警，报警时应准确讲清火灾发生地、着火物质、火势大小、起火部分及联络电话。如周围地形复杂，应通知收费站人员到路口迎接消防车。

（3）火灾中发现有人员伤亡，要及时妥善处理，上报监控中心拨打120援救，保护好事故的现场。

（4）火灾发生在票管室、设备房等重要场地时，在确保人身安全条件下，要尽可能做好现金、账本、票证、设备等重要资料和物资的转移和保管。

（5）运载易燃、易爆物品的车辆在广场起火，收费员上报监控中心后收拾票款离开收费亭；当班管理人员应组织人员将其他车辆和人员疏导在安全地方。

四、自 然 灾 害

（1）当遇到洪汛期、强台风、雷暴等自然灾害时，收费站重要岗位人员，特别是站长必须坚守岗位，指挥人员做好准备。

（2）加强巡查，发现问题及时处理，保证收费站的人员生命、财产的安全，确保收费工作的正常进行。

(3)收费站留守人员必须听从指挥,按照上级的部署,做好各项工作。

五、收费运作异常情况

收费运作异常情况主要包括车流高峰期、车辆强行冲卡、驾驶员不足零钞找赎、驾驶员拒交通行费等情况。

(一)节假日车流高峰期

(1)各收费站应根据本站以往的经验,分析车流量,充分估计具体每个节假日的现场压力,做好备战部署。

(2)站长、各班班长必须坚守岗位,机动人员和休息人员都必须留守在站内,等待随时调遣,同时票管要做好票卡的供应准备,提前检查票、卡库存量,向收费管理部门提供票卡需要量,做好一切准备工作。

(3)当开足车道仍无法疏通车流时,在征得上级领导同意的情况下,由监控中心通知入口各站在发 IC 通行卡的同时,加盖标志章的纸券通行卡,以便出口使用定额发票。在此期间必须加派人手维持现场秩序,指挥车辆通过。

(4)加强安全工作,保证现场人员、车辆、票款安全。

(二)正常车流增大造成全线大塞车

(1)值班班长应立即报告值班站长和监控中心,站长组织人员疏导好交通,开通所有备用车道,同时准备好票据和零钞。

(2)当班监控员了解情况后,应立即报告主管领导并征得同意后,通知相应各站在发 IC 卡的同时加发盖当日标志章的纸券,严重塞车的站收到纸券后,售手撕票,其他站则按正常程序收费。

(三)因某种原因,造成严重塞车,需免费放车通行

(1)立即报主管领导,接到通知后方可放行。放车时须把 IC 卡回收,为提高回收速度,拔除栏杆后,可组织收费人员到收费岛上进行卡的回收。

(2)同时将这些卡与正常回收卡分开放置,交班时在票管 IC 卡读写器上刷卡。

(四)因停电或收费系统故障所有出、入口车道无法使用

(1)立即上报监控中心,入口发通行券(盖当天标记章)、出口用定额发票收费。由监控员报知联网区域内其他路段。

(2)出口期间对收到的 IC 卡,在车流量少的情况下可迅速上报卡号到监控中心查询入口站进行收费。

(3)待供电和系统正常后上报监控中心,由监控员报知联网区域内其他路段。

(4)手工收费期间,站场管理人员要填写《站手工收费记录表》,并在下班时带回票管室。

(五)事前无通知的警卫车队经过

(1)如车队前后均有警车护卫,有车队标志,被护卫车辆为地方车牌,虽然事前收费站没有接到有车队经过的通知,收费员应先免费放行,再将车队特征等上报监控中心。

(2)如有护卫警车到收费广场时告知收费人员警卫车队和车辆数量,收费员应及时上报监控中心,有条件的收费站应提前打开专用车道,待车队来时免费优先放行。

(3)收费站周围地段发生重大灾害事故，收费站对前往抢险救灾的车辆或无警车开道的特殊车队也可酌情免费优先放行，同时上报监控中心。

(4)车队经过后，站场管理人员及监控中心应将车辆数量、车辆特征，经过时间等详细情况做好记录。

(六)收费车在车道暂时找不到通行卡

(1)在不影响正常收费的前提下，允许驾驶员在一定时间内找通行卡。

(2)当驾驶员在车道找不到卡，解释让驾驶员暂交全程费额及IC卡工本费的金额后，先按军警车操作，示意驾驶员停靠在广场旁找卡。

(3)如驾驶员找到卡，按正常车刷卡收费，把多收取部分现金退还驾驶员；如找不到卡，按丢卡车处理。

(七)正常收费车丢失IC通行卡

(1)向驾驶员解释丢卡车要按最远程收费及赔偿IC卡成本费。

(2)按丢卡车操作流程进行收费，同时收取IC卡成本费，并开具专用发票。

(3)若驾驶员有异议，可根据相关规定、规章向驾驶员解释。

(4)如收费员已收取通行费，此时驾驶员才找到卡(车辆未驶离后线圈)，可使用修改键进行修改，按正常车刷卡收费，并退回多收取的通行费和IC卡成本费；如车辆已驶离后线圈，则不予退通行费，可退还IC卡成本费。

(5)退回IC卡成本费时，要向驾驶员收回赔偿发票(客户联)粘回原处作废处理。

(八)未付车

(1)征得驾驶员同意后，抵押下驾驶员大于应缴通行费及IC卡工本费金额的物品、相关证件(不得抵押金银珠宝类和身份证、驾驶证等)，同时填写《抵押凭证》。

(2)在下班之前驾驶员尚未回来补缴通行费，交班时要与接班人员说明情况交接清楚，并报监控中心。对抵押的物品要妥善保管。

(3)当驾驶员回来补缴通行费时，当班收费员根据凭证上的信息用手工输入收费操作，同时收回《抵押凭证》(驾驶员联)，连同存根联带回票管室保存。

(九)冲卡车

(1)将车牌、车型、行走方向、特征、收费设施损坏情况等信息报监控中心。

(2)正常收费车冲卡，在系统确认闯关车记录。

(3)当刷卡显示费额时，驾驶员丢下不足缴纳通行费的现金冲卡，先取消闯关车，再按【军警车】键将费额清零，将此款交票管员处理；如丢下现金足够缴纳通行费的，按【确认】键打印发票，余款交票管员处理。

(十)驾驶员对车辆分类和收费标准有异议

(1)对车型分类有异议，向驾驶员解释高速公路是按车头高度、轴距、轮数、轴数4项物理指标进行分类。

(2)对收费标准有异议，向驾驶员解释高速公路是按省物价局和交通厅的收费标准收费的，严格依据规定的基价、收费系数和实际发生的行驶里程计收通行费。

(3)如驾驶员仍不服，可出示相关文件并同其解释。

（十一）驾驶员过线圈后要求倒车

（1）同驾驶员解释不能进行倒车，请其在下一站口出去。

（2）如特殊情况，在另一无人值守车道进入上班状态按抬杆让其通过，取消闯关记录。

（十二）站场人员辨认驾驶员给的钞票为假币，驾驶员却坚决认为是真的，并说身上只有这么多现金

（1）婉转请驾驶员换另一张。

（2）向驾驶员解释此币与真钞的区别，并且告诉其已经过精确度较高验钞机进行了检验，确为假币；如确实只有那么多现金，可以先抵押价值大于通行费的物品，按未付车处理。

（十三）车辆离站后，驾驶员返回说收费员找赎的是假币要求退换

（1）礼貌告诉驾驶员，收费站已有"票款当面点清，离站概不负责"的告示，收费员都是经过专业培训，对人民币具有一定的辨识能力（从钞票的水印、手感、纸质等方面同驾驶员解释），而且还有精密的验钞机帮助辨别。

（2）对故意滋事的，将情况上报监控中心。

（十四）车辆在车道出现故障

（1）如果是小型汽车，先与驾驶员协商将车辆推出车道，但先关闭通行灯，摆放好交通锥后才能进行。

（2）如果是大型车，视实际情况，上报监控中心通知拖车。

（3）当故障车在广场旁修理时，要求其做好安全措施，并不得在广场留下弃物和油渍。

（十五）车辆损坏收费设施

（1）在确保人身安全的前提下示意驾驶员停下，同时另开车道指挥疏导交通。

（2）可暂时抵押肇事车辆相关物品或相关证件，并告诉驾驶员已对车辆进行了录像。

（3）保护好事故现场，将有关信息上报监控中心。

（4）协助路政处理。

（十六）不符合行驶高速公路的（超限、摩托车等）车辆，要求进入高速公路

（1）向驾驶员解释清楚，按规定此类车是不符合行驶高速的。

（2）若经解释后仍强行冲入，立即将车辆特征、车牌、行走方向上报监控中心。

（十七）车道设备突然发出异味或系统异常

（1）出现着火、冒烟、短路、有异声和异味时（视其严重程度），当班人员先关闭车道电源总开关和 UPS 电源。

（2）如设备出现一般故障，如死机、键盘失灵等，上报监控中心通知维护人员处理，同时更换车道。

（3）告知维护人员设备故障所在，并协助维护人员维修设备。

第二节　收费人员特殊情况处理简析

在收费过程中，往往要碰到许多特殊情况。所谓特殊情况，是指不能严格按照计算机程序来进行处理收费过程的事件，它需要收费班长根据具体情况，按照有关原则进行处理。现对常见的特殊情况的一般处理原则做简要说明。

(1)车辆行驶证和该车实载重吨位不符时,怎么办?

答:根据有关规定按行车证吨位收费,同时将该车情况通知路政超限运输管理组。

(2)入口判型有误,需要从小型往大型改,出口收费时需要看行车证,驾驶员不予配合,不出示行车证时,作为收费员是否有权查看行车证?

答:行车证是车辆的"身份证"。根据工作需要,收费员有权查看驾驶员的行车证。因为查看行车证的目的是为了更准确地按收费标准收取车辆的通行费。在收费员和驾驶员意见不统一的情况下,只有用行车证来做证明,按照行车证上面注明的吨(座)位的标准来收取通行费。另外,如果驾驶员的行车证因为特殊原因不在身边,也可以按照养路费收据或新车的出厂证明(说明书)上面注明的吨(座)位的标准来收取通行费。如果驾驶员拒绝出示任何证明(行车证等),收费员可以按照自己的判断标准来收取通行费。

(3)当驾驶员对收费标准和车型定义有意见,同时说邻省的收费少时怎么办?

答:耐心向驾驶员做说明和解释工作,同时向驾驶员出示由省交通厅、省财政厅和省物价局联合发布的收费文件(复印件)和收费价目表。并且向他讲解由于每个省高速公路的投资主体建设成本、车流量、收费年限、还贷比例和管理费用等情况均不相同,因此不可能有相同的收费标准。按照《公路法》第六十三条的规定,收费公路车辆通行费的收费标准是由公路收费单位提出方案,报省、自治区、直辖市人民政府交通主管部门会同同级物价行政主管部门审查批准。

(4)对军车、武警、公安、司法和国安等车辆如何处理?

答:①根据交通部和解放军总后勤部联合下发的"交公路发[1997]436号"文件规定:无论以何种投资方式修建和何种经营方式管理的各种公路、桥梁、渡口、隧道和各类停车场,对军车(包括武警)一律免收通行费和停车费。

②根据交通部和解放军总后勤部联合下发的"交公路发[1997]436号"文件规定:军队生产经营单位(如军队各类公司、工程队、运输队、工矿企业、宾馆、饭店、企业化工厂、军马场等)的生产经营车辆改挂地方车辆牌号,纳入地方管理渠道。凡改挂地方号牌的军队生产经营车辆,应模范遵守各地有关车辆缴纳通行费的有关规定,自觉缴纳通行费。

③原则上公安、司法和国安等单位的车辆必须缴纳通行费,因为他们与其他车辆都是正常使用高速公路,国家给他们正常的工作经费。但是,如果他们确实是到高速公路路内来处理案件或者是正在高速公路路内执行公务,并且在入口声明,可以根据实际情况,免缴通行费。

④对军车、武警、公安、司法和国安等车辆,一律按照"对车不对人"的原则,即悬挂相应牌照的车辆可以按照规定免费,如果是以上人员开地方牌照的车辆,无论是驾驶员和乘车人员持有何种证件,均必须按规定缴纳车辆通行费。

⑤对于假军车或套牌军车,应该立即中止该车运行,通知军检、交警和路政来处理。如果无法确认军车的真伪,可以核实该车的行车证、驾驶证和军官证(士兵证)来进一步判断该车的真伪。

⑥对于挂有演习牌照的军车,如果是军车车队,可以按军车正常处理;如果是单个挂有演习牌照的军车,应该核实该车的行车证、驾驶证和军官证(士兵证)来进一步判断该车的真伪。

⑦对于没有牌照的军车(有明显颜色如绿色),要核实驾驶员的驾驶证和军官证(士兵证)以及所在部队出具的证明,如"出车证明"、"调车单"、"派车单"等来进一步判断该车的真伪。如果可以确认它是军车,在值班站长和监控同意下,可以按军车放行。

(5)对消防车、救护车、运钞车、殡葬车和抢险救灾车等如何处理?

答:作为这些特用车,驾驶员往往有很强的特权思想,要做好文明服务和解释工作。对于武警消防车,按军车处理;对于救护车、殡葬车和抢险救灾车,如果他们确实是到高速公路路内来执行公务,并且在入口声明,可以根据实际情况免缴通行费;对于消防车、救护车和抢险救灾车,经核实如果确实是参与重大抢险救灾行动的车辆,在报告站长同意的情况下可以免费;对于武装押运的运钞车可以免交通行费。对于地方和厂矿的消防车、救护车(包括120急救车)、殡葬车等由于他们向社会提供服务时是有偿的,所以必须按规定缴纳通行费。

(6)入口判错车型,出口没发现,也没有改型而按入口车型收费,如何处理?

答:如果是驾驶员同时将通行卡和钱一起交给收费员,驾驶员所多交的差额部分应该由站内退给驾驶员;如果是先交卡,后交钱,收费员工作失误(在没有核实应交正确金额时就按了确认键),驾驶员所多交的差额部分应该由收费员自己赔偿。同时应该加强收费员的业务水平。总之,不论何种原因,均应该将多收的通行费退给驾驶员。

(7)清障车牵回的坏车、事故车、U形车等车辆,是否收费?

答:原则上全部按照规定予以收费,但如果是在高速公路上肇事的车辆,如果无法在收费口正常收费的,可以委托路政代收通行费。

(8)在出口发现牵引车、有明显撞痕的车辆如何处理?

答:暂时中止该车运行,通知交警和路政来处理。

(9)遇有闯关倾向、驾驶员自己抬杆或冲卡撞断栏杆强行通过时怎么办?

答:在保证收费人员人身安全的情况下尽可能拦截闯关冲卡车辆。如果已上路闯关,应及时上报上级机关,并且通知可能的下路收费站予以拦截。不论是上路闯关,还是下路闯关均应该及时登记好车辆号牌、车型、外观及颜色,进行抓拍和录像,以便进一步处理。并将所有情况及时报告上级领导。

(10)持一张以上通行卡的正常交费车辆,如何处理?

答:仔细询问多余卡的来路,同时查证该车是否有违章(闯关冲卡等)记录,并且按照驾驶员提供的原因予以核实,按核实的情况收费。如果是收费人员的工作失误,应将多余的通行卡收回;如果是驾驶员违章,则按有关规定处理(内部车或公务车除外)。

(11)入口刷卡后,驾驶员又不上高速公路怎么办?

答:这种情况可分两种:一种情况是卡已经刷完信息,自动栏杆也抬起了,这时入口收费员要将这种情况报告班长和监控室,用自动栏杆键或模拟过车恢复正常状态;另一种情况是,卡已经刷完信息,但自动栏杆还没有抬起,这时入口收费员要将这种情况报告班长和监控室,可以将这张卡再发给车型相符的下一辆车,并做好特殊记录。如果这张卡无法发出也可以采用第一种方法。

(12)遇有特殊情况的车队如开会或红白喜事不愿停车,但有人统一交费,是否可以记数,以紧急车放行,然后统一模拟过车收费?

答:大部分收费系统都是采用一车一杆,应该严格按照收费流程处理,可以统一交费,但必须一车一杆,以防出现不必要的错误,要做好文明服务,赢得驾驶员谅解。

(13)对发生特殊情况的车辆,收费人员是否有权扣留驾驶员的有效证件?

答:因收费人员不具备执法资格,所以扣留驾驶员的任何证件都是违法的。对于发生特殊情况的车辆暂时中止它运行,通知交警和路政来处理。

(14)当高速公路设施被车辆损坏时怎么办?

答:如果肇事车辆尚未离开,应暂时中止该车运行,避免它逃离现场,立即通知路政来处理;如果肇事车辆逃离现场,应立即报告上级部门,并尽可能了解肇事车辆的相关情况,通知有关人员进行阻截。

(15)由于车本身原因造成出口闯关,在没有拦截的情况下,驾驶员又主动回来接受处理,怎么办?

答:先了解闯关的原因,如果是无意的,在进行批评教育后,按正常收费程序处理;如果是恶意闯关,还应该对其进行一定的处罚。

(16)在收费车道驾驶员无理取闹,怎么办?

答:做好文明服务工作,耐心对驾驶员不理解的问题进行解释,不得与驾驶员进行争吵。必要时请公安机关协助处理。

(17)在收费车道收费员与驾驶员发生纠纷、口角甚至动手怎么办?

答:首先要保证收费员的人身安全,不论收费员是否有理,都要严厉批评收费员,因为我们是窗口服务单位,要做到骂不还口、打不还手,同时要控制局势避免事态扩大。必要时请求交警或路政协助处理。

(18)收费员收费与驾驶员交接卡、钱和票时,没有拿住掉在地上或被风刮走无法找回时怎么办?

答:发生上述情况不论是否为驾驶员的原因,收费员都应该承担全部责任。如果是掉在地上,收费员应该马上报告监控,并去将掉在地上的东西捡起来并向驾驶员致以歉意,如果被风刮走无法找回,应该由收费员全部赔偿,并酌情满足驾驶员的合理要求。

(19)车道自动栏杆失灵或雨棚物品脱落,砸坏车辆怎么办?

答:及时报告上级,并通知路政来处理。

(20)车辆进入车道后,驾驶员因各种原因又不想下路怎么办?

答:当发生上述情况时,要及时了解驾驶员的具体情况,尽可能帮助他们。如果当时通行卡尚没有读卡,可以在上级领导的批准下,满足驾驶员的要求。如果通行卡已经读卡,驾驶员就必须交费下路,然后再领卡上路,同时要做好解释工作,如果是驾驶员走错路(过头),就告诉他高速公路严禁违章掉头,并且掉头是非常危险的事情;如果是没有走到目的地,就告之高速公路是按照里程收费,再上路并没有多花钱,只是将一次交费变成了两次交费。

(21)出口同时进入两辆车,前车称后车为其交款怎么办?

答:及时与后车取得联系,在确认后车同意为前车交款的情况下,可以先放行前车。

(22)入口同时进入两辆车,前车称为其后车领卡怎么办?

答:耐心向其解释,高速公路是一车一卡,无法给一台车发两张卡,如果其还不同意,可以请他先到前面等一下,收费员将后车卡发出后给其送去。

(23)有一辆车要上路,并且需要U形行驶,怎么办?

答:告诉他U形行驶的收费标准,并且提醒他U形行驶的危害性如发生事故、遭到路政、交警的处罚等。尽可能劝他到就近的收费站下路再上路。如果一再坚持,可以让他上路。

(24)遇到驾驶员借题发挥,无端对收费员进行指责和谩骂,怎么办?

答:我们的服务宗旨是文明服务和委屈服务,在收费工作中要做到骂不还口,打不还手,不受对方的情绪影响,讲究工作的方式、方法,妥善处理突发事件,不能用“违法”的手段处理违法行为,要控制局势,避免事态扩大,必要时请求交警或路政协助处理。

(25)有一个紧急(免费)车需要从车道通过,恰好紧急车队键失灵怎么办?

答:将栏杆机断电,使栏杆自动抬起;或者将栏杆推(掰)开。

(26)一辆肇事车辆在入口要上高速公路怎么办?

答:入口发现肇事车辆要上高速公路,如果收费员能够确认该车可以保证自身和其他车辆的行车安全,可以上路,但应询问该车的下路地点,并上报监控室,通知出口收费站;如果收费员不能够确认该车可以保证自身的其他车辆的行车安全,则不可以上路,如驾驶员还想上路,可以通知交警,如果交警允许则可以上路。

(27)入口发卡时,由于驾驶员的本身原因造成入口闯关,在没有拦截的情况下,驾驶员又主动回来接受处理,怎么办?

答:先了解他闯关的原因,如果是无意的,在进行批评教育后,按正常发卡程序处理;如果是恶意闯关,除按正常发卡程序处理外,还应该对其进行一定的处罚。

(28)驾驶员在补交了损坏的IC卡工本费后,是否可以将IC卡拿走?

答:如果驾驶员想要可以拿走;如果驾驶员不要,则将其交给票管室。

(29)收费员在入口判断车型时,不能确定该车的准确车型,想核实行车证,可驾驶员不给行车证怎么办?

答:按照收费员自己的判断给驾驶员发卡,同时掌握"就大不就小,就收费不就免费"的原则。

(30)收费员在入口判断车型时,驾驶员不能确定自己的车型时怎么办?

答:如果驾驶员能够主动出示行车证,可以按照行车证的标准发放通行卡;如果驾驶员不能主动提供行车证或相关证明,则按照收费员自己的判断发卡。

(31)当驾驶员无钱缴纳通行费时怎么办?

答:虽然要求应征不漏,但我们是服务窗口,救危扶难是中华人民族的美德,对于无钱缴纳通行费的驾驶员,应在表示同情的情况下酌情进行处理:

①如果是因为在高速公路路内发生治安案件如被抢、被盗或因为肇事等情况,导致钱物损失无钱缴纳通行费,在有公安部门的证明并且确认无误的情况下,经过请示值班站长和监控室可以免费放行。

②如果是在上高速公路之前明知无钱缴纳通行费,而还上高速公路或者因为在路内修车等原因导致无钱缴纳通行费,则需要押下相同价值的物件欠费放行,补交通行费后返回抵押物。

③如果驾驶员拒绝留下任何抵押物或者没有物品可以抵押,则暂时中止该车的运行,必要时可以请求路政协助处理。

④对于这种情况,千万不能扣押有效证件如身份证、行车证、营运证、车辆购置附加费证和驾驶员等证件,因为扣留上述证件是违法行为,一旦驾驶员投诉,我们必败无疑。

(32)收费时驾驶员使用假币,当场被发现怎么办?

答:根据《中华人民共和国人民币管理条例》第三十三条规定,只有公安机关和中国人民银行才有权没收假人民币。如果是驾驶员在不知情的情况下使用假币,可以请他换一张。如果是驾驶员故意使用假币或驾驶员手中有大量的假币,可以在假币上盖假币章或注明是假币,必要时将其将交公安机关处理。如果是收费完了驾驶员离开车道才发现是假币,而驾驶员又拒绝承认,则由收费员自己承担责任。

(33)因收费员吃饭、换班或路内发生肇事,恢复通车后收费广场发生严重塞车时,怎么办?

答:马上通知换班人员上岗,组织站内人员上岗,及时开通所有备用车道,增加外勤人员,疏导车辆,避免车辆抢道塞车,尽可能将军车、不收费车、货车、客车和小轿车分道行驶。设备维修人员到岗,及时排除可能出现的设备故障;票管人员保证备用金足额够用,全力保证车道畅通。

(34)因车辆发生故障坏在车道造成堵塞怎么办?

答:应立即在坏车后面放置警示标志,在保证安全和可能的情况下组织人员将故障车推离车道;如果坏车短时间(30min)内无法修好且不能推离车道,通知路政将坏车拖离车道,保证车道畅通。

(35)收费亭被抢劫时怎么办?

答:当发生抢劫事件时,收费员应第一时间启动报警装置或通知监控中心。监控人员应立即拨打110报警。在保证人身安全的情况下,尽可能同犯罪分子作斗争,保护国家财产不受侵害。同时利用监控设备对犯罪现场进行录像,保护好被抢现场以便取得第一手资料。尽可能记住罪犯的相貌、体态特征、逃跑方向、所乘车辆的车型、颜色和车号等情况。组织人员疏导车辆,尽快恢复收费秩序。

(36)收费广场或车道发生驾驶员相互争吵或打斗怎么办?

答:在保证自身安全的情况下,尽可能出面劝解和引导工作,控制事态扩大;疏导车辆避免发生塞车事件;疏散围观群众,保护收费设施、通行费、各种票据和通行卡的安全,及时通知公安机关前来处理。

(37)在收费广场发生交通事故,并有人受伤怎么办?

答:对危急伤员应立即在现场进行救护,并及时将伤员送往就近的医院进行抢救,组织滞留人员和车辆撤离危险区,努力保障贵重物品和驾乘人员财产的安全。设置警示标志,保护事故现场,维护收费秩序。通知交警和路政来处理。

(38)发现车辆着火怎么办?

答:立即上报监控室拨打119报警;组织人员协助驾驶员用灭火器和消防设备进行灭火,力争将火势控制住。如果火势过大一时难以控制,则尽可能将其驶离收费车道和收费站;如果不行则应及时将邻近收费亭中的票款、票据和重要收费设施转移到安全地方;疏导群众和车辆,避免车辆爆炸造成新的事故。

(39)收费亭或收费站发生火灾怎么办?

答:立即上报监控室拨打119报警。及时判断起火原因,切断电源,组织人员用灭火器和消防设备进行灭火,力争将火势控制住。如火势过大一时难以控制。则尽可能将收费站或收费亭中的账本、票款、票据、贵重物品和重要设施转移到安全地方,疏导收费人员、群众和车辆,避免发生人身伤害事故。

(40)收费亭发生漏电或有电火花怎么办?

答:及时切断电源,封闭车道,用干粉灭火器进行灭火并通知电工来处理。

(41)收费员在岗期间拾到物品和钱款怎么办?

答:立即报告班长和监控室,尽可能从拾到物品中找出失主的线索并做好记录。如果下班前有人前来认领,经核实请失主签字后将物品返还。如无人认领,则在下班后将物品和钱款上交站里。

(42)因帮助驾驶员而受到感谢,驾驶员馈赠金钱和物品怎么办?

答:告诉驾驶员为其提供延伸服务是我们应该做的,并婉转拒绝驾驶员的馈赠。如果确实无法将物品谢绝,则及时报告监控室,并在下班时将物品上交站里。

(43)因雨天雷电大,有可能损坏收费设备怎么办?

答;及时通知值班站长和设备维护人员,在征得领导同意后切断电源,启用备用蓄电池进行工作。

(44)当驾驶员或乘客向收费员求助时怎么办?

答:及时安抚驾驶员或乘客,并向站长报告,详细了解求助的内容,及时同有关部门、单位或人员取得联系,尽可能满足驾驶员或乘客的合理要求。

(45)收费广场有闲杂车辆、行人和非机动车停留或要进入高速公路怎么办?

答:高速公路(包括收费广场)禁止随意停车,外勤疏导员应劝其到广场以外。对于想上高速公路的,及时做好拦截工作,向他们解释不准上高速公路的原因,请他们马上离开。对于不听劝阻的车辆和人员要报告有关部门,请他们协助处理。如拦截无效已经强行上路,收费站要将情况及时报告有关部门,并详细做好记录。当班正在收费和发卡的人员不得私自离岗上路拦截。

(46)不符合公路或高速公路规定的车辆如超高、超宽、农用运输、全挂牵引车等车想上高速公路怎么办?

答:及时劝阻并告诉驾驶员不让上路的原因,如不听劝阻通知交警和路政,在交警和路政允许的情况下可以让其上路。

(47)在收费现场处理问题的基本原则是什么?

答:首先应先敬礼,并且使用文明用语;其次,控制事态的发展,不可激化矛盾;再次,保证收费人员的人身安全和国家财产不受侵害;最后,维护好收费秩序,保障车辆畅通。

(48)在收费过程中,遇有熟人或本单位人员要搭车,或者要求免费怎么办?

答:耐心做好解释工作,请其给以支持和谅解,严格按规定处理,必要时报告站长。

(49)收费员工作时,需要给打印机换打印票据或色带,或者没有零钱找怎么办?

答:耐心向驾驶员说明情况,请其稍等,并及时报告监控中心,请有关人员将这些情况马上处理。

(50)车辆离开车道后,驾驶员回来说少找钱、没发卡或没给票据怎么办?

答:先询问收费员是否发生了上述错误,如果确实是收费员工作失误,应首先向驾驶员赔礼道歉,之后满足驾驶员的合理要求;如果收费员没有错误,则请驾驶员再仔细找一找,或者驾驶员是否记错;如果不是这两种情况,无法核实究竟是驾驶员错了还是收费员错了。那么让收费员立即下班进行结账,根据结账结果来处理这种事情。

第十一章　文明收费

【学习目标】

(1)培养学生收费规范,同时融入爱岗敬业、诚实守信、廉洁自律、文明收费、服务群众、奉献社会的职业素养;

(2)会按收费岗位的仪表规范、仪态规范、语言规范进行收费;

(3)掌握收费文明服务技能;

(4)使学生具备车辆通行费收费员岗位良好的职业道德。

【教学活动设计】

(1)运用IC卡读、写卡器,车道控制器,收费电脑等设备对不同车型进行文明收费;

(2)根据收费的实际情况,引导学生自觉遵守仪表规范、仪态规范、语言规范自行完成收费;

(3)在整个收费过程中,分组进行模拟收费;

(4)按学生完成任务的仪表、仪态、语言等作出文明收费评价。

第一节　高速公路收费员职业道德规范

一、高速公路收费员职业道德规范

(一)爱岗敬业

爱岗敬业是高速公路收费人员职业道德最基本、最起码、最普通的要求。爱岗,就是热爱自己的工作岗位,热爱自己的本职工作。敬业,就是以极端负责的态度对待自己的工作。爱岗与敬业是紧密联系在一起的,爱岗是敬业的前提,敬业是爱岗情感的进一步升华,是对职业责任、职业荣誉的深刻认识。不爱岗的人,很难做到敬业;不敬业的人,很难说是真正的爱岗。所以,不论做任何工作,只要认真负责,精益求精,不辞辛苦,就可以说是爱岗敬业。

一般来说,工作条件好、工作轻松、收入高的职业,做到爱岗敬业是比较容易的,相反,环境不好、工作艰苦、收入不高,又远离城市,要做到爱岗敬业就不那么容易。因此,那些在环境艰苦、工作繁重、收入不高的岗位上认真工作的人,如高速公路的收费人员,就会受到人们的尊敬。改革开放以来,择业机会的增加和选择方式的多元化,为人们选择自己喜爱的职业提供了很好的机会,也为人们爱岗敬业提供了坚实的基础。但同时也要看到,爱岗敬业是市场经济发展的必然要求。市场经济是一种自由竞争的经济,一个从业人员要想在激烈竞争中获得生存和发展的有利地位,实现自己的职业利益,就必须爱岗敬业,努力工作,提高劳动生产率和服务质量。否则,一个不履行职业责任的人,终将被职业组织所淘汰。

当然,要真正做到爱岗敬业并非是一件容易的事。爱岗敬业不是一句空话,它要求每个从业者立足本职,脚踏实地,尽职尽责,造福社会。为此,每个从业者,不论职务高低,不论做什么工作,首先必须树立全心全意为人民服务的思想。爱岗敬业的精神,实际上就是为人民服务精神的具体体现。其次，要专心致志地搞好本职工作，干一行、爱一行、精一行。特别是在高速公路实施联网收费后，对每个收费员的业务水平、技术素质、工作能力都提出了很高要求，要在自己的岗位上作出贡献，就必须熟悉本职业的基本性质和要求，必须熟练地掌握本职业的业务和基本技能，必须懂得本职业最起码的职业道德，否则，就很难让人相信你能真正做到爱岗敬业。当然，爱岗敬业并不意味着在第一次选择的岗位上"从一而终"。在市场经济条件下，人们可以选择发挥自己特长的工作，但是只要你还未离开原来的岗位，就一定要坚守岗位，善始善终。

（二）诚实守信

诚实守信是做人的基本原则，也是收费员职业道德的一个基本规范。在中国传统儒家论理中，诚实守信被视为"立政之本"、"立人之本"，孔子曾说："民无信不立"，他把"信"摆到了关系国家兴亡的重要位置，认为国家的朝政得不到人民的信任是立不住脚的。

诚实，就是真实无欺，既不自欺，也不欺人，一句话就是表里如一，说老实话，办老实事，做老实人。守信，就是信守诺言，讲信誉，重信用，忠实履行自己承担的义务。诚实与守信是统一的，守信以诚实为基础，离开诚实就无所谓守信。

诚实守信是各行各业的行为准则，高速公路行业亦不例外。对管理人员来说，就要忠诚老实，平易近人，廉洁奉公，不谋私利；对收费员来说，就是要真心实意，光明磊落，在与金钱打交道过程中，经得起诱惑，顶得住腐蚀。在建设和发展社会主义市场经济的今天，需要大力倡导诚实和守信，谁的产品质量好、服务周到、信誉高，谁就能在竞争中占据优势，因此，可以说，诚信是力量的源泉，企业的生命。

（三）廉洁自律

廉洁自律从主体角度来讲，是对国家公职人员提出的一项职业道德修养要求，但同时也是社会一切从业人员应有的道德素质。廉洁，即不受不贪；自律，即自我约束，自我调整。廉洁自律，就是按照廉洁从政准则的要求，自觉规范自己的行为。廉洁自律作为一种行政伦理要求，主要是要求国家公职人员必须自觉克服私心和私欲，抵制各种刺激和诱惑，切实依照廉洁从政的准则调控自己的行为取向和行为方式，真正做到清正廉洁。廉洁自律作为一种道德素质，指的是国家公职人员所具有的廉洁从政的道德良知和道德精神，以及凭着这种良知和精神进行自我控制的道德能力，道德本质上是一种自律精神。廉洁从政的伦理准则最终能否对公职人员的行政行为产生调控作用，关键取决于公职人员的自律。

收费工作是收费员通过票（卡）、现金对通行车辆进行管理的活动，在这种活动中，时时刻刻与金钱相联系，每天经手现金少则几千元，多则几万元，这种工作性质决定了收费人员必须在政治上公正无私，在经济上廉洁自爱，才能在本职工作中自觉维护国家和人民利益。因此，要真正做到廉洁自律，必须坚持不懈地提高自身品德修养，不断提高自身道德素质。

（四）文明收费

文明收费，是指在收费过程中，收费员与驾乘人员在劳动价值交换的过程中呈现的一种积极的、进步的精神风貌及职业状态。就文明一词本身的含义来说，它是人类改造自然和改造社会的实践活动在物质和精神两个方面取得的积极成果的总和，是人类开化状态和社会进步的标志。在收费工作中讲究文明，是指要以加强社会主义精神文明建设为宗旨，在收费服务过程中，体现出新的社会主义道德风貌，即要明礼、有礼貌、讲礼节、重礼仪。

明礼，是指人们在待人接物上应具有的品行和态度，包括举止言谈、仪容风度等方面。

礼貌的基础是相互尊重,基本要求是待人诚恳、谦恭、和善、有分寸。在社会主义社会,礼貌体现了相互尊重、友好合作的新型关系。

礼节是礼貌的规范形式,是关于对待他人的外在表现的行为规范的总和,如表示欢迎、感谢、道歉、尊敬、祝贺、问候之类的各种惯用表达方式,它体现了对人的尊重和友善。

礼仪是指人们为表达某些专门礼节所使用的形式,其目的在于表达祝贺或敬意,寄托或凝聚人们的感情,激发人们的社会情感,鼓舞人们的斗志等。

总之,文明收费是一个十分重要的基本道德要求,是搞好优质文明服务的根本。它既是自尊自重的表现,也是个人良好品质的表现,同时也是市场经济要求的基本职业道德规范。

(五)服务群众

服务群众就是为人民服务。在社会生活中,人人都是服务对象,人人又都为他人服务。就是说,任何人要生存、要发展、要工作,首先总是要接受社会和其他人提供的大量服务;同时任何一位从业者也总是在自己的本职岗位上通过自己具体的工作,为他人、为社会提供服务。所以,服务群众是社会全体从业者通过相互服务,来达到社会发展、共同幸福的目的。

在社会主义市场经济条件下,要真正做到服务群众,首先,心中要有群众,作为收费员来讲,要始终把驾乘人员的根本利益放在心上。想问题,做事情,要看一看是否符合驾乘人员的利益,看一看驾乘人员是否高兴和满意。其次,要充分尊重驾乘人员,尊重他们的人格和尊严,要把驾乘人员当成“上帝”,当成“衣食父母”。汽车不上高速公路,我们什么事情也办不成。有了这种认识,我们才能真正热情地为他们服务好。

(六)奉献社会

奉献社会就是积极自觉地为社会作贡献。奉献,就是不论从事任何职业,从业人员的目的不是为了个人、家庭,也不是为了名和利,而是为了有益于他人,为了有益于国家和社会。正因为如此,奉献社会就是社会主义职业道德的本质特征。在以私有制为基础的社会里,少数统治阶级的利益和广大人民的利益是相对立的,虽然他们也提倡职业道德,但出发点和最终目的都是为了少数剥削阶级的利益。社会主义建立在以公有制为主体的经济基础之上,广大劳动人民当家做主,因此,社会主义职业道德必须把奉献社会作为自己的根本目的。

奉献社会是社会主义职业道德的最高境界,也是做人的最高境界。陈德华同志为了保障川藏运输线畅通,二十几年如一日,长期坚守在海拔4500m以上的高原,为交通事业的发展,甘当一颗铺路石,就是这种无私奉献的最好写照。

当然,奉献社会并不意味着不要个人的正当利益,不要个人的幸福。恰恰相反,一个自觉奉献社会的人,他才真正找到了个人幸福的支撑点。个人幸福是在奉献社会的职业活动中体现出来的,个人幸福离不开社会的进步和祖国的繁荣。奉献和个人利益是辩证的统一。奉献越大,收获就越多。一个只求索取,不讲奉献的人,实质上是一个不受人们和社会欢迎的个人主义者。时时处处奉献,活着就是奉献,雷锋就是这方面的典型。他说:“人的生命是有限的,可是,为人民服务是无限的。我要把有限的生命投入到无限的为人民服务之中去”。雷锋是社会学习的榜样。

二、搞好优质文明服务的基本要求

高速公路收费工作,是社会主义经济建设的一个重要组成部分,是体现交通行业为社会经济发展服务的一扇“窗口”,因此,在工作实践中,坚持做到优质、文明服务是我们全体员工忠实贯彻“全心全意为人民服务”这一党的宗旨的重要体现，也是使成雅公司在激烈的市场竞争中，始终处于不败之地的重要保证；同时也是国家、企业、员工三者利益最大化的有力保证。

(一)服务质量上要坚持优质

收费员在服务工作中向过往驾乘人员提供的优质服务，主要体现在以下几个方面：

(1)准确把握、严格执行国家关于高速公路收费的相关政策、法规及要求，坚持做到应征不漏，应免不收。

(2)熟练掌握、正确执行联网收费工作流程，熟记收费标准、车辆类型，准确收款，准确找补。

(3)了解联网收费系统的性能，严守联网收费系统的操作规程，不违章操作，不人为损坏，平时要勤保养、勤清洁，使收费设备处于正常状态。

(4)经常保持收费基本功训练，保证车道收费快速准确，不发生因个人业务操作原因造成堵车。

(5)严格执行公司有关收费业务工作的各项规定，树立法制观念，处理纠纷以政策为依据，以理服人，不自作主张，不徇私舞弊，与公司整体业务管理要求相一致。

(6)熟悉和了解收费站所在地域内主要旅游景点，大型工矿企业分布，主要交通干线的分布，全线道路与本站相距里程情况，以及服务区、餐饮、加油、汽车维修等布点位置，及时、准确地向过往驾乘人员提供服务。

(二)服务过程中要倡导文明

收费员向过往驾乘人员提供文明礼貌的优质服务，主要体现在以下几个方面：

(1)对高速公路收费工作，具有强烈的事业心和责任感；廉洁奉公、爱岗敬业的职业道德；坚持原则、忠于职守的职业纪律；热爱集体、乐于奉献的职业精神。

(2)着装整洁，举止文雅，说话和气，待人诚恳；服务动作、语言符合规范要求；在解决收费纠纷矛盾问题时，应当晓之以理、动之以情，从而形成相互尊重、以礼相待的和谐关系。

(3)服务过程中坚持使用文明服务规范性用语，切忌发生讲粗话、讲脏话等现象，坚决杜绝态度粗暴、开口骂人、动手打人等不文明行为。

(4)经常保持收费环境整洁，收费设施设备齐全完好，普通话服务用语标准流利，道路沿线旅游景点、道路、大型货物集贸场所、交通车辆维修、医疗、治安站点设置要做到心中有数，以便随时向驾乘人员提供准确信息。

(5)熟悉乘车过程中发生一般性疾病的防治方法，熟记治安报警、医疗救助、火警报警等急救电话号码，熟练掌握消防设备设施的正确使用方法，以方便在收费站区域内发生险情时，能及时、正确地给驾乘人员以救助。

第二节　收费人员文明服务规范

一、仪表规范

仪表是指人的外表，包括人的容貌、姿态、服饰和个人卫生等方面，它是人的精神的外观。收费人员的语言、动作、姿态、表情、仪表仪容、行为举止体现出对驾乘人员的尊重、欢迎、关注、友好，也体现出收费人员严格认真的服务精神、顾客至上的服务意识。礼节、礼貌是收费服务质量的核心内容,可以在一定程度上减少驾乘人员对收费员知识和技能欠缺的不满。

下面介绍一些最基本的仪表规范:

(一)头发规范

收费人员必须自觉主动对自己的头发进行清洁、修剪和梳理,确保发部的整洁、朴素大方。作为一个服务人员,无论男女都不准把头发染成除黑色外的其他颜色。男同志头发不应盖过耳部,不触及后衣领,也不要烫发、光头;女同志的头发不宜长于腰部,不宜挡住眼睛。如果是长发,上岗前应按规定将头发盘起来,不可以披头散发。

(二)面容规范

面部表情是收费人员内心情感的流露,收费人员的面部仪容要遵循以下三个原则:

1. 洁净原则

收费人员在当班时,务必保持面部干净,无灰尘、无泥垢、无汗渍;鼻毛要常修剪,避免鼻毛长出鼻孔之外;要学会呵护嘴唇,不要让其开裂、掉皮;男员工要坚持每天刮胡子,刮齐鬓角,不要留小胡子和鬓角;要及时除去眼角的分泌物。

2. 卫生原则

收费人员应当注意自己面容的健康状况,一旦出现了过敏性症状,务必要去医院医治,切不要任其自然,或者自行处理。上班前不准吃异味食品和喝有酒精的饮料,同时要避免嘴角有残留异物。

3. 自然原则

收费人员上班时要做到庄重、大方,不要面部表情呆板、面带倦容、无精打采或打瞌睡、嚼口香糖、当众打哈欠等。

(三)手部修饰规范

收费人员要保持手部整洁,不准蓄指甲、涂指甲或戴戒指、手镯饰物,男同志手上不要有烟斑。

(四)着装规范

严格按照规定着装,做到整齐(不挽袖、不卷裤、不漏扣、不掉扣、领带扎得要紧、领带与衫领口吻合紧且系正、纽扣要齐全扣好)、清洁、挺括(衣裤不起皱、要烫平)。

(五)举止规范

当见到容貌体态奇特或穿着奇装异服的驾乘人员时,不要交头接耳或指手画脚,对身体有缺陷或病态的驾乘人员更不要有嫌弃的表示等。

(六)仪态规范

1. 站姿

标准站姿:头部抬起,双眼平视,下颌微微内收,颈部挺直;双肩放松,呼吸自然,腰部直立;双臂自然下垂,处于身体下侧,双膝与双脚跟部紧靠在一起两脚呈“V”状分开。主要特点是头正、肩平、身直。站立时面向来车,不要背部对着顾客。

错误站姿:身躯歪斜、弯腰驼背、趴伏倚靠(倚着收费亭、收费桌而立)、双脚叉开、手位不当、浑身乱动等。

2. 走姿

行走属于动态美，也是优质服务的重要体现，基本要求有：

(1)行走姿势正确，挺胸、收腹、身体重心略向前倾，两腿自然前后移动，两臂自然摆动。两眼平视，两脚不要形成八字步，肩部自然放松，上体保持平稳，不能左右摇晃。

(2)速度适中，不可过快或过慢。

(3)面带微笑。

3. 坐姿

坐姿优美而端正，同样能体现人的气质、修养和风度，是人体静态美的重要体现。基本要求有：

(1)身子直，头部、颈部不要往前倾。

(2)坐在椅子中央，不宜坐过深或过浅。

(3)背部伸直，但不能僵硬。

(4)胸部的肋骨稍稍拉高，肩部松弛垂下，保持轻松自然。

(5)就座后，坐姿要端正，不要双手托腮、挪动座椅或头枕椅背打哈欠、伸懒腰、搔头发等。不要前俯后仰、摇腿跷脚或趴在收费桌上等。

(七)语言规范

1. 常用的文明用语

文明用语是收费服务工作最主要的职业基本功之一，体现了对驾乘人员的基本态度，也反映了收费人员的文化修养和素质。因此，必须严格掌握经常使用的文明用语，并且做到态度诚恳、用语谦逊、文雅，声音大小适当，语调平和沉稳。常用的服务用语有：

发卡员："您好，祝您一路顺风"、"请系好安全带(必要时)"。

收费员："请出示入口卡"、"您好，请交×××元"、"收您×××元"、"找你×××元"、"谢谢，走好"。

因特殊情况需要与监控中心联系时："请您稍等一下，正与监控中心联系"。

在操作过程中，因操作失误或操作不明导致操作时间多于正常时间时："请稍等！"

遇在雨雾天时："雨雾天，请注意行车安全。"

对驾驶员提出的疑问不懂时回答："对不起，请稍等，我请班长来帮助您。"

同时，收费员还要掌握以下简单的英语会话：

您好(Hello)；

请出示通行卡(Show the IC card, please)；

请交10元(Pay 10 Yuan, please)；

请稍等(Wait a minute, please)；

一直走(Go straight)；

下一个站(The next station)；

大概100km(About 100 kilometers)；

旅途愉快(Have a pleasant journey)。

2. 应答用语规范

收费人员在回答驾乘人员问话时，应耐心、细致、周到、详尽，直到对方听明白为止。当问到不了解的情况时,应向对方表示歉意,或者找其他人解答,直到对方满意为止,不准用不耐烦的语气对驾乘人员,如"不知道"、"你去问别人去"、"快点"等。

当驾乘人员提出合理请求时,服务人员要以肯定语气回答,如"是的","好","很高兴为您服务"。

当驾乘人员对收费服务表示满意或口头表扬和感谢时,一般应该谦虚地说:"请不要客气"、"这是我们应该做的"、"您过奖了"、"您太客气了";如果驾乘人员因故致歉,则应该说:"不要紧"、"没关系"等。

3.解释用语规范

调解用语要求和气诚恳,站在驾乘人员的角度想问题、看问题、处理问题,虚心听取驾乘人员的意见,多检查批评自己、不许推诿或强词夺理,可以这样说:"请支持"、"你的心情我们非常理解"、"欢迎批评指正"、"我们的服务不够周到,请您原谅"、"真是对不起,给您添麻烦了,我一定将您的意见转告我们领导,改进我们的工作"、"对不起,耽误您的时间了"等。

4.收费工作中的语言禁忌

"嘿"、"喂"、"老头"、"问别人去"、"没长眼呀"、"我就这态度,你催呀!" "不知道"、"刚才和你说过了,怎么还问"、"没钱找"、"你明知要交费,怎不先换好零钱"、"你自己不会看标志牌呀!""这是公司规定的,这事我可管不了"、"你怎么不早说"、"有意见找领导去"、"我只管收费,这些你问别人去"、"你可以投诉,这不关我的事",等等。

二、文明服务技能

服务技能包括"看"、"听"、"笑"、"说"4 项。

(一)"看"

当收费人员的目光与驾乘人员不期而遇时,适当的接触可以向其表明一个人的服务诚意。"看"驾乘人员一定要面带微笑,表示友好,要从正侧方注视顾客而不要斜视顾客,同时配合得体的语言。对较为熟悉的驾乘人员,我们要看他的"倒三角","倒三角"是指人的两个眼球与鼻尖之间,这样对对方更加亲切;对于陌生的驾驶员,要看"大三角","大三角"是指人的两肩与脑门之间,这样才不会给顾客造成压力。

(二)"听"

听的原则:一要耐心;二要回应,光是"听"不行,要在听的过程中有些反应,例如点头、不时回应"好的"、"是的"、"您说得对"等,使驾乘人员及时得到回应;三要注视,要始终保持与顾客的目光接触。

(三)"笑"

微笑不仅可以缩短与驾乘人员的心理距离,缓解不和谐的气氛,还可以激发收费人员的思维和热情。收费人员在当班期间不准将私人情绪带人工作,必须保持微笑,使驾乘人员感到亲切、贴心。

(四)"说"

收费人员在工作中说话要和气,做到"请"字当头,正确使用"您好"、"谢谢"等文明用语,不准用粗暴或不文明的语言;要做到有礼有节、悦耳动听、富有感情,配合身体语言,并做到用词委婉,避免用命令的语气。

附录一　收费系列岗位职责
（仅供参考）

一、站　　长

（1）贯彻执行国家的法律、法规以及公司的有关管理制度。

（2）负责组织、领导、实施收费站收费业务及各项目标管理计划，检查、督促和指导下属各班组认真履行工作职责，维持正常的工作秩序，不断提高收费服务质量。

（3）掌握收费站每天的运作情况，严格审核有关数据和报表，并填写站长日志。

（4）配合公司做好与地方各级政府以及相关职能部门的协调沟通工作，保证收费站正常工作秩序。

（5）负责向公司职能部门建议对站基层人员的任免，提请处分或奖励。负责做好收费站人员的思想工作及业务考核。

（6）负责对收费站各种设备设施的保养及维护，定期检查收费站各种设备，出现问题及时通知有关部门处理。

（7）不断总结工作经验及教训，改进工作方法，提高行政、业务管理水平，提高经济效益，定期以书面形式写出工作总结及计划。

（8）定期召开全站员工大会和管理人员会议，总结每月的运作情况，制定下个月的工作计划，力求在管理上不断创新和完善。

（9）严格执行财务制度，严格控制收费站活动费用开支，在工作中不以权谋私、营私舞弊，敢于同不良现象作斗争，确保本站范围内不出现违法乱纪现象和损害公司利益的行为。

（10）全面负责站内计划生育和安全生产工作。

（11）定期指导、参与每月本站的稽查活动和各项检查工作，认真对待投诉事件并给予及时处理。

（12）掌握员工思想动态，定期组织员工进行相关业务学习，加强法制教育，提高员工的法制观念和整体素质。

（13）自觉、主动接受公司各职能部门的相关业务指导和监督，并按要求完成各项任务。

（14）努力完成上级领导安排的其他各项任务。

二、班　　长

（1）熟悉并掌握有关收费政策、法规及公司各项规章制度，负责班组收费运作的指挥、调度和治安综合治理工作。

（2）组织实施对本班员工的工作、学习和生活的管理，以身作则，模范执行各项规章制度。

（3）负责督促本班员工按时上下班，做到上班前有检查、有要求，下班后有讲评、有总结，及时、正确传达上级文件精神。

（4）当班期间为收费站场安全负责人，负责检查督促收费人员执行安全生产规章制度，确保安全生产；负责广场治安管理工作，拒绝无关人员进入收费站场。

(5)做好收费广场的管理工作，坚持广场巡查，妥善处理当班发生的突发事件，维护站场正常的收费工作及交通秩序。

(6)熟悉收费业务操作技能，检查、督促收费(发卡)员是否按操作规程收费。合理安排收费(发卡)员上、下岗，特殊情况下履行收费员或发卡员职责。

(7)配合稽查人员进行稽查，分析当班收费运作规范情况。

(8)密切注意设备运行情况，确保收费工作正常运作。

(9)负责安排人员搞好收费广场、收费亭等环境卫生工作，创造良好的工作环境。

(10)交接班时，检查收费亭内外设备是否完好，门窗与电气设备是否按规定关闭，填好当班情况记录，按规定办理接班手续。

(11)负责本班的物品领取、保管、发放和电脑发票的更换安装。

(12)定期组织班务会议，总结经验、分析问题、改进工作。负责收集员工意见，掌握员工的思想动态，及时向站领导汇报。

(13)负责本班的“三个文明”建设工作，积极开展劳动竞赛活动；组织员工开展思想教育、业务技能学习和军事训练等班组建设工作，提高员工的政治素质和专业技能。

(14)完成领导交办的其他任务。

三、督　导　员

(1)熟悉并掌握有关收费政策、法规及公司各项规章制度，协助班长开展班组日常管理工作。

(2)熟练掌握收费业务和交通指挥常识，负责广场车辆的疏导及维持收费秩序等工作，确保车流畅通。

(3)负责班组成员工作纪律、宿舍卫生及当班期间站场管理工作。

(4)注意当班期间站场车辆通行状态，确保开通足够收费车道；特殊情况下履行收费员或发卡员职责。

(5)做好上班前准备工作和交接工作，妥善处理各类纠纷，以防止事态扩大。

(6)加强安全防范意识，确保收费人员和票款的安全。

(7)班长不在时，履行班长职责。

(8)完成领导交办的其他任务。

四、收费(发卡)员

(1)熟悉并掌握有关收费政策、法规及公司各项规章制度，按车型分类标准和收费标准进行收费(发卡)，做到“应收不漏、应免不收”。

(2)着装整齐、仪态端正、持证(牌)上岗，规范使用文明用语，坚持微笑服务，为驾乘人员提供优质的服务。

(3)认真学习收费业务知识，不断提高业务技能；严格按规范程序收费(发卡)，并做到快捷、准确。

(4)未经班长(督导员)批准，不准私自关闭车道，不准提前下岗；在无人接岗时，不得擅离岗位。

(5)主动递给驾驶员通行费发票，如遇驾驶员不要的发票，应及时在该票正面盖上“作废”章，然后投入废票箱。

(6)妥善保管票证、现金和通行卡。每日售票现金、通行卡应在下班后全部缴交,不挪用、截留,不私自兑换外币。

(7)严格执行票证的领、用、核销手续,不得转借、涂改、撕毁。

(8)当班期间做好收费亭内的卫生清洁工作,爱护收费亭一切设备设施。

(9)完成领导交办的其他任务。

五、票　管　员

(1)按照公司制定的票证、报表管理制度,对收费站的通行卡、通行费发票、账本、报表等进行规范管理,防止丢失、被盗、失火、受潮、虫蛀。

(2)有计划地向票证管理部门领取通行卡、通行费发票,对票证的质量、数量、号码验收无误后进行入库。

(3)按序号发出票据,并进行准确、连续的账务处理,及时编制有关报表并上报,不向无关人员透露有关数据。

(4)定期和不定期对库存的票证进行盘点,清查对账。票证的收发、核销要严格按照财务规定记账,做到字迹清楚、日清月结、账物相符。

(5)提前安排好收费班所需的票卡,严格履行交接手续给发卡员足够的通行卡,给通行费发票不足的收费员办理领票手续。对票证或卡不符的要查明原因,不得包庇,并报告站领导和票证管理部门。

(6)严格按照通行清点和投包流程进行操作,认真做好缴款和解款工作。

(7)指导和审核收费(发卡)员填写相关的工作表格。

(8)负责做好废票的保管和非本盒(箱)卡、坏卡的上缴工作,按规定回收票根。

(9)完成领导交办的其他任务。

六、监　控　员

(1)熟悉并掌握有关收费政策、法规及公司各项规章制度,坚持原则,负责指导和监督收费运作。

(2)严格遵守上下班纪律,提前15min到岗,填好交接班表。工作时着装统一、仪表端正、持证上岗。

(3)熟悉收费业务,掌握监控业务技能,及时、准确地指导和处理收费站场各类事件。

(4)保持24h不间断对收费情况进行录像监控,发生电脑声音报警时必须对该车道进行查看。密切观察收费现场、桥梁、隧道、票管室的状态,发现异常情况及时进行实时录像,做好记录,同时报告相关领导。

(5)负责话务台的转换、咨询和紧急电话服务、投诉处理等工作。

(6)三大系统出现故障时,及时通知维护人员,并详细记录故障现象、地点和时间,填写设备故障记录。

(7)认真做好“四防”(即防违规违章、防贪污作弊、防冲卡和防安全生产事故)工作。

(8)遵守纪律,保守监控及稽查机密,不泄露保密事件,在工作中不以权谋私、不徇私舞弊,敢于同不良现象作斗争。

(9)完成领导交办的其他任务。

附录二　收费岗位工作流程
（仅供参考）

一、收费岗位工作流程及要求

（一）收费班长（督导员）

收费班长工作流程及要求见附表1。

收费班长工作流程及要求　　附表1

工 作 流 程	工作内容及要求
准备	1. 检查收费员着装情况； 2. 带领班员准时进入票管室； 3. 提醒班员带齐收费物品和工作用品
列队	1. 整理队伍 2. 安排当班工作； 3. 带领班员朗诵“服务承诺”； 4. 列队上交通车
接班	1. 检查收费广场环境卫生和设备； 2. 查阅最新监控指令和文件； 3. 查阅上一班次记录的工作内容； 4. 与上一班的班长办理好交接班手续
上班	1. 维护现场收费秩序； 2. 督促班员遵守劳动纪律； 3. 督促班员遵守安全生产操作规程； 4. 灵活处理各类突发事件； 5. 组织班员对收费现场进行卫生保洁； 6. 为驾乘人员提供优质的服务； 7. 服从监控员合理的工作安排； 8. 准确填写各种表格； 9. 爱护公物
交班	1. 交接班前清理收费现场卫生； 2. 将当班期间未处理完的工作移交给接班班长处理； 3. 将当班期间发生的异常情况反馈接班班长
清点	1. 带领班员进入票管室； 2. 协助票管员清点找赎金和通行费； 3. 填写各种报表并确认签名； 4. 向票管员提供当班期间造成现金、通行凭证等数据不符的异常情况； 5. 统一离开票管室并锁门
小结	1. 对当班工作进行小结； 2. 下班

(二)收费员

收费员工作流程及要求见附表2。

收费员工作流程及要求 附表2

工 作 流 程	工作内容及要求
准备	1. 统一着装； 2. 准时进入票管室； 3. 自查是否带与工作无关物品上班； 4. 自查是否带齐当班使用的工号牌、收费员证、身份卡、作废章等工作用品； 5. 领取找赎金、发票等收费物品并确认签名
列队	1. 列队； 2. 服从班长的工作安排； 3. 朗诵“服务承诺”； 4. 列队上交通车
接班	1. 迅速走向班长指定的收费亭，等候接班； 2. 检查收费亭内的卫生； 3. 检查设备是否完好、齐全； 4. 检查收费亭内是否有遗留物品； 5. 检查电脑界面是否处于“等待上班”状态； 6. 检查并确认发票起号； 7. 摆放收费用具
上班	1. 刷身份卡登录收费系统； 2. 准确输入卡盒号(卡箱管理不用此步骤)； 3. 看清电脑流水提示，确认“上班”； 4. 严格按照操作流程操作各种程序； 5. 快捷、准确收取通行费； 6. 遵守劳动纪律； 7. 遵守安全生产操作规程； 8. 维护和保养设备； 9. 为驾乘人员提供优质的服务； 10. 服从班长合理的工作安排； 11. 协助班长处理各类突发事件
交班	1. 按【交班】键，退出收费系统； 2. 登记发票止号； 3. 自查收费亭内的卫生； 4. 收齐收费用品
清点	1. 列队进入票管室； 2. 清点找赎金和通行费； 3. 办理发票和通行凭证的交接手续； 4. 填写各种报表并确认签名； 5. 统一离开票管室并锁门
小结	1. 听班长讲评当班工作； 2. 下班

(三)发卡员

发卡员工作流程及要求见附表3。

发卡员工作流程及要求 附表3

工作流程	工作内容及要求
准备	1. 统一着装； 2. 准时进入票管室； 3. 自查是否带与工作无关物品上班； 4. 自查是否带齐当班使用的工号牌、上岗证、身份卡等工作用品； 5. 领取通行凭证并确认签名
列队	1. 列队； 2. 服从班长的工作安排； 3. 朗诵“服务承诺”； 4. 列队上交通车
接班	1. 迅速走向班长指定的发卡亭，等候接班； 2. 检查发卡亭内的卫生； 3. 检查设备是否完好、齐全； 4. 检查发卡亭内是否有遗留物品； 5. 检查电脑界面是否处于“等待上班”状态； 6. 摆放发卡用具
上班	1. 刷身份卡登录收费系统； 2. 看清电脑流水提示，确认“上班”； 3. 严格按照操作流程操作各种程序； 4. 快捷、准确发放通行凭证； 5. 遵守劳动纪律； 6. 遵守安全生产操作规程； 7. 维护和保养设备； 8. 为驾乘人员提供优质的服务； 9. 服从班长合理的工作安排； 10. 协助班长处理各类突发事件； 11. 协助班长登记各种表格
交班	1. 退出收费系统； 2. 自查发卡亭内的卫生； 3. 收齐发卡用品
清点	1. 列队进入票管室； 2. 清点通行凭证； 3. 办理通行凭证的交接手续； 4. 填写各种报表并确认签名； 5. 统一离开票管室并锁门
小结	1. 听班长讲评当班工作； 2. 下班

(四)票管员

票管员工作流程及要求见附表4。

票管员工作流程及要求 附表4

工 作 流 程	工作内容及要求
准备	1. 整理工作物品，并摆放整齐； 2. 根据各站车流量发放足够的IC卡、纸券和卡盒
发放物品	1. 根据各站车流量给发卡员发放足够的IC卡、纸券和卡盒（夹）； 2. 给收费员发放收费找赎金、通行费发票和空卡盒（夹）
领用登记	将收费员工上班信息记录在《交接班系统》
清点	1. 清点发卡员交回的IC卡及纸券； 2. 清点收费员交回的找赎金； 3. 清点收费人员上交的通行费款、IC卡和纸券
核对	1. 核对发卡员交回的IC卡和纸券与电脑数据是否相符； 2. 核对收费员上交通行费、IC卡和纸券与电脑数据是否相符
输入数据	将数据输入电脑，填写相关凭证
系统确认	核对凭证、数据无误后，确认
签认	双方在《交接班凭证表》签名确认
结束	整理物品、清洁卫生，下班

（五）监控员

监控员工作流程及要求见附表5。

监控员工作流程及要求 附表5

工 作 流 程	工作内容及要求
准备	1. 按规定着装，佩戴工作证； 2. 检查是否携带与当班无关物品，私人物品需放置个人工作柜； 3. 休假后的接班人员必须提前20min到监控中心阅读休假期间的监控指令和有关文件
接班	1. 提前10min到监控中心； 2. 检查监控中心环境卫生和设备； 3. 查看《最新指令集》和文件； 4. 检查上一班的工作记录； 5. 填写《监控中心交接班表》并签名确认
上班	1. 文明礼貌，热情、耐心为驾乘人员和收费人员提供咨询服务； 2. 监督收费人员，对违纪情况要做好录像保存并移交稽查队； 3. 对突发事件信息的处理做到头脑冷静，正确、迅速地进行指挥、调度； 4. 按规定分类详细填写，做到客观、准确、及时，字迹清晰； 5. 保持监控中心卫生干净，物品摆放整齐、美观； 6. 保持设备设施的完好； 7. 遵守监控纪律； 8. 掌握收费政策，熟悉收费管理各方面的运作
交班	1. 提前15min检查监控中心设备和打扫卫生； 2. 向接班人员交代当班期间发生的重大事件和未处理完事件； 3. 填写《监控中心交接班表》，签名确认； 4. 离开监控中心

二、收费广场劳动纪律

(1)站场工作人员实行集体列队上下班制度,不得迟到、早退;不擅自顶班换班,如有特殊情况,需提前一天提出申请并经站长批准。

(2)收费站工作人员实行半军事化管理,上岗时应按规定穿着制服,佩戴标志,持证上岗,不得将便服与制服混穿,不得将制服跨季混穿。

(3)当班收费人员一律不准带私款、移动电话、随身听、计算器、磁化杯等与工作无关的物品上岗。当班期间,必须将本人工号牌、钱箱、卡盒放在规定位置。非资金清点期间,不得私自核对票款。

(4)保持收费亭、收费车道和收费广场卫生干净、整洁。

(5)按标准收取通行费,按规定处理废票,不准随手丢弃废票。

(6)不得在收费广场、收费亭等工作场所内吸烟、看书报、聊天、睡觉或做其他与工作无关的事,不得串岗和嬉戏吵闹。

(7)微笑服务,礼貌待人,使用规范文明用语。在任何情况下,不得恶语伤人,要妥善处理各类纠纷。

(8)站场工作人员使用设备要做到按章操作,注意设备维护,定时检查设备运行是否正常、设施是否完好。当设备出现故障时,及时通知维修人员处理;当路产设施遭破坏时,及时上报监控中心并协助路政人员处理。

(9)做好收费广场交通疏导指挥及安全管理工作,防止交通责任事故的发生。妥善处理站场突发事件,确保收费广场车道畅通无阻。

(10)站场工作人员要加强巡逻,积极查找并及时消除事故隐患,实现"生产无隐患、个人无违章、班组无事故"的安全生产目标,使站场符合"四防"标准(防火、防盗、防灾害事故、防人为破坏),为收费工作和管理提供安全可靠的环境。

(11)爱护公物,按规定使用有关设备。严禁在收费亭内拉电线和使用非配置的电器,不得擅自拨动电源开关,非专(兼)职设备维护人员不准擅自开启控制柜内设备,电脑不使用时严禁关机,做好防潮防高温工作。

(12)所有工作人员不得在收费广场内为自己或他人拦乘过路车。

(13)收费员当班期间不得擅自离开工作岗位,暂离岗要关闭通行灯,并用路障锥封道。

(14)交接班必须经班长同意,并把票款等收费物品收拾好,在有人接班的情况下,方可离开,并且不准同时封闭所有车道。

(15)清点期间不得以任何理由离开票管室,要严肃地按照资金清点结算程序完成清点工作。

附录三　收费人员优质文明服务评分标准（仅供参考）

一、收费服务（共46分）

（一）公司员工及各级管理人员必须严格履行职责，在工作中任何时候都要坚持文明服务，礼貌待人，做到骂不还口、打不还手（12分）

（1）在收费业务中不与驾乘人员发生争执，严格执行礼貌服务；（2分）

（2）收费业务中不与驾乘人员发生吵架行为，做到骂不还口；（4分）

（3）收费业务中不与驾乘人员发生打架行为，做到打不还手。（6分）

（二）入口（11分）

（1）无车时收费员保持标准坐姿；（1分）

（2）车辆距收费亭25m时收费员按标准站姿（亭内侧身成45°）站立；（2分）

（3）女：左手自然扶着窗框，左胯斜贴于亭壁，右手后背，上半身向左微倾，开肩，面带微笑，目光注视来车（提前识别来车类型、车情、车牌号）；

男：双手后背，开肩，面带微笑，目光注视来车（提前识别来车类型、车情、车牌号）；（2分）

（4）当车辆停稳，收费员与驾乘人员第一次眼神接触时行15°点头礼，同时致欢迎词；（2分）

（5）熟练输入车型、车情并刷卡，致服务用语（解答客户的询问）；（2分）

（6）发放通行卡，点头示意（15°点头礼），做标准中位手势，放行车辆，同时致欢送词。（2分）

（三）出口（13分）

（1）无车时收费员保持标准坐姿；（1分）

（2）车辆距收费亭25m时收费员按标准站姿（亭内侧身成45°角）站立；（2分）

（3）女：左手自然扶窗，左胯斜贴于亭壁，右手后背，上半身向左微倾，开肩，面带微笑，目光注视来车（提前识别来车类型、车情、车牌号）；

男：双手后背，开肩、面带微笑，目光注视来车（提前识别来车类型、车情、车牌号）；（2分）

（4）当车辆停稳，收费员与驾乘人员第一次眼神接触时行15°点头礼，同时致欢迎词；（2分）

（5）熟练输入车型、车情，礼貌地提醒驾驶员出示通行卡，左手手心向上接过驾驶员所交卡、钱；（2分）

（6）按计算机显示金额收取通行费，唱收唱付，正确找补现金，左手手心向上将找补的零钱及票据交予驾驶员；（2分）

（7）点头示意（15°点头礼），左手做标准中位手势，右手后背，放行车辆，同时致欢送词。（2分）

注：坐姿、站姿、微笑、规范用语、手势等参照相关规定执行。

（四）接班（6分）

（1）收费人员上班之前提前到站，由当班班长负责填表、领取票据、IC卡；（1分）

(2)收费员到班长处领取当班所需票据、IC卡,作好上岗准备;(1分)

(3)当班班长负责带领本班全体收费员进行岗前仪容、仪表练习5min,由班长组织列队,接受班长或站长检查仪容仪表、着装及证章的佩戴,班长根据当天的气候、日期等客观条件宣布当天的文明用语范围;(1分)

(4)准备工作完成后,随班长整队上岗,左手提票据或卡箱,到达各自收费亭前站台,以标准站姿,面对收费亭站立,待各个收费员都到亭处前台后,右手拉开收费亭门,进入收费亭;(1分)

(5)收费员交班和接班行握手礼,交班收费员按【下班】键后,让出位子到微机旁边,清点现金,核实通行费、微机票的起讫号和张数及IC卡数量;(1分)

(6)接班收费员在交班收费员让出位子后到微机前按【上班】键,进入正常工作秩序。(1分)

(五)交班(4分)

(1)交班收费员按【下班】键后,让到微机旁边清点现金,核实通行票、卡后装入票卡箱,关好箱子,左手提箱,右手开门,走出收费亭,在亭外前台以标准站姿背对收费亭站立待命;(2分)

(2)收费员全部出亭后,由班长带领收费员依次排队到票卡室按公司相关规定完成进一步的交接手续;(1分)

(3)交接手续完备后,班长对当天工作进行总结讲评。(1分)

二、收费员文明用语(共16分)

(一)迎送语(2分)

(1)在周末(周六、周日):周末好!

(2)在节假日(国家法定假日):节日快乐!(或节日好)

(3)每周一至五:您好!……请走好!

(二)特殊迎送语(2分)

(1)在雨天:(放行时)雨天路滑,请您减速行驶;

(2)在雾天:(放行时)雾天请您打开防雾灯,注意行车安全;

(3)前方施工或排障:(放行时)××公里施工(排障),请您减速行驶,注意安全;

(4)因特殊情况封道:对不起,因××原因已经封道,请您耐心等待。

(三)致歉语(2分)

1.坏卡车

(1)对不起,您这张卡是坏卡;

(2)请问您是从哪个站进站的,以便我们查询;

(3)请稍候。(记录卡号、车牌号、时间、按呼叫器报班长)

2.无卡车

(1)对不起,请问您进站时是否发卡给您;

(2)请问您是从哪个站进站,以便我们查询;(记录车牌号、时间、按呼叫器报班长)

(3)设备故障或其他原因耽误驾乘人员时间:实在对不起,因××原因耽误您的时间,请您稍候。(按呼叫器报班长)

3.遇到驾乘人员无理取闹或发生其他纠纷

对不起,请您稍候…(按呼叫器报班长)

(四)征询语(1分)

(1)有陌生人到站时,主动上前说:"您好,请问有什么事吗?"

(2)广场上有驾乘人员停靠或下车时,主动上前说:"您好,请问需要帮助吗?"

(五)致谢语(2分)

(1)驾乘人员配合工作:谢谢您的合作,请您走好;

(2)驾乘人员提出意见或建议:谢谢您的建议,我们会尽快向上级汇报,下次不会再出现同样问题,欢迎您再次光临。

(六)问候语(1分)

(1)有领导视察:对领导:"××领导您好";

(2)有客人参观:对客人:"××您好,欢迎光临"。

(七)通讯用语(2分)

(1)接听电话:您好,我是××收费站×班×××(姓名);

(2)使用呼叫器:×亭×道,请问有什么事。

(八)使用要求(4分)

(1)收费过程中语言温婉亲切、吐词清楚;(1分)

(2)工作、服务和交谈应坚持使用工作语言——普通话。(3分)

三.收费人员着装(共8分)

(一)季节着装标准

服装分为春秋装、夏装和冬装。季节换装的时间为:4月1日和10月1日更换春秋装;5月1日更换夏装;12月1日更换冬装(因气候变化等特殊原因,着装、换装时间公司另行通知)。

(二)着装要求(7分)

(1)衣帽整洁,标志、证件齐全、佩戴正确;(1分)

(2)着春秋装必须穿制式衬衣,不得穿花色(格)衬衣、秋衣或运动服,不得系规定颜色以外的领带;着冬装要系风纪扣,统一系黑色皮带,统一穿黑色鞋;(1分)

(3)岗亭外执行公务,必须衣帽整齐;(1分)

(4)上岗作业不披衣敞怀、挽衣袖、卷裤腿、穿拖鞋、赤脚、不用帽子扇风、不围围巾;(1分)

(5)不穿便装上岗,不与便装、其他制式服装混穿,不混穿不同季节服装;(1分)

(6)收费人员上班穿收费服装,下班换装,不得将收费服装穿出工作区域以外;(1分)

(7)收费人员服装在使用过程中,若发生丢失、损坏、被盗等情况,概由本人负责,经批准后可补发,但费用由本人全部负担。(1分)

(三)徽章佩戴要求(1分)

着制式服装执行公务时,应按规定佩戴徽章,包括帽徽、肩章领花、胸章、上岗证、工作证、星级收费员标志、袖标,徽章佩戴要明显、齐全,位置正确、周正。上岗证和工作证挂胸前,星级收费员标志别左胸第二颗扣子至第三颗扣子之间,袖标戴于左手臂。徽记不明显或有残缺的徽章要及时更换。

四、收费员姿态(共12分)

(一)站立式服务(3分)

(1)服务时应在来车距收费亭25m处即站立;(1分)

(2)站立时身体应面向客人(亭内侧身成45°);(1分)

(3)亭内服务时,手不蹭在窗台上,不在窗外来回摆动,无不雅动作(摸脸、掏耳朵、化妆等)。(1分)

(二)行礼(2分)

1. 鞠躬礼

(1)15°鞠躬礼:头、颈下倾(点头);

(2)30°鞠躬礼:头、颈、肩下倾(目光能看到脚背2/3处);

(3)鞠躬礼时,双手于身前自然交叉,右手握左手,立正站立,保持身体端正。

2. 握手礼

(1)手掌相握时呈"凹"形,稳重、真诚;

(2)任何人不准拒绝他人握手礼,握手时间不超过3s。

3. 招手礼

右手应在自身肩以上头以下,手心向外,指尖向上作左右摆动。

4. 军礼

右手五指并拢,举至头,指尖紧贴太阳穴,掌心向下成45°。

(三)站姿(2分)

(1)男性标准站姿:双脚自然分开,与肩同宽,双手后背自然交叉,可根据自身情况开肩;

(2)女性标准站姿:双脚并拢,膝盖以上不得出现缝隙,双手自然交叉放于身前,右手握左手,开肩、立腰、提臀;

(3)站式时手肘弯曲角度应恰好一拳。

(四)坐姿(2分)

(1)男性:上身端正,双脚可分开,与肩同宽,双脚可按前后、大小八字放置;

(2)女性:上身端正,双腿并拢,膝盖相碰,双足可按下步、小八字步放置。

(五)行姿(1分)

(1)男性:行稳重步,上身端正,开肩,双手前后自然摆动;

(2)女性:走一字步,上身端正,身体平行,重心在两胯,开肩、立腰、提臀,双手前后自然摆动，双脚内侧呈一字，双手摆动时前摆不超过10°，后摆不超过30°。

（六）手势（2分）

（1）手势使用象征性手势，一般情况下使用右手（亭内服务时可使用左手）；

（2）服务时应使用中位手势，侧手心向外，五指并拢，指尖与肩同高，手肘与腰同高（男：手腕与小臂应为直线；女：手腕与小臂应有弧度）；

（3）执法时，使用规范的交通指挥手势。

五、收费员仪容（共12分）

（一）化妆（4分）

（1）应按规定化职业妆（棕色系列妆），不浓妆、无妆上岗；

（2）腮红、口红只用纯正的红色；

（3）指甲油只用透明色或肉色；

（4）眼影只用橙黄色或咖啡色（允许用黑色眼影修饰）。

（二）发型（4分）

（1）男性：应剪短发，不留胡须，鼻毛不外露，发梢下拉不遮眉，发根不长过衬衣领；

（2）女性：长发，服务时应盘发，戴发套。短发，发根齐耳，但不长于肩部；

（3）均不准染发。

（三）饰物（4分）

（1）不佩戴手链、戒指等不合规定的饰物；

（2）女收费员可戴贴耳环；

（3）领带夹应别于衬衣第4、5粒纽扣之间；

（4）所佩戴的饰物不超过3件。

六、收费员表情（共6分）

（一）眼神（2分）

服务时双眼应正视服务对象，可按距离的不同，正视大、小三角部位，不左顾右盼；

大三角部位：（与服务对象相距1m以上）鼻梁以下，胸部以上；

小三角部位：（与服务对象相距1m以内）鼻梁以下，下颌以上。

（二）微笑（4分）

开口笑：微笑应为职业化微笑（机械微笑），眼角轮廓线改变、眼角肌肉上提、上下嘴唇平衡开启露出牙齿、眼睛下半部分轮廓有明显的变化；

含唇笑：上下嘴唇不分开、脸部五官搭配协调、嘴角有上翘的感觉、嘴角轮廓线有明显的变化。

参 考 文 献

[1] 中国交通报社.公路超限运输治理实务[M].北京:人民交通出版社,2003.

[2] 李作敏.交通工程学[M].北京:人民交通出版社,2002.

[3] 李凤生,韩景洪.高速公路管理365个怎么办[M].山东:山东人民出版社,2003.

[4] 高速公路丛书编委会.高速公路运营管理[M].北京:人民交通出版社,2003.

[5] 杨久龄,刘会学.GB 5768—1999《道路交通标志和标线》应用指南[M].北京:新华出版社,1999.

[6] 黄家城.公路路政管理与公路养护[M].北京:人民交通出版社,2003.

[7] 黄磊.收费公路管理条例实施手册[M].北京:北京北影录音录像公司,2004.

[8] 焦振芳.高速公路机电工程[M].北京:中国公路杂志社,2001.

[9] 郗恩崇,王夕展.高速公路运营管理[M].北京:清华大学出版社、北京交通大学出版社,2004.

[10] 林兴旺.高速公路管理论文集[C].北京:人民交通出版社, 2000.

[11] 浙江省交通厅公路管理局.公路养护技术规范[S].北京:人民交通出版社,1996.

[12] 高速公路养护管理编委会.高速公路养护管理[M].北京:人民交通出版社,2001.

[13] 高速公路丛书编委会.高速公路运营管理[M].北京:人民交通出版社,2003.

[14] 四川成雅高速公路股份有限公司. 高速公路收费员培训教材[M]. 北京: 人民交通出版社,2005.

[15] 吉林省高速公路管理局. 收费岗位[M]. 北京:人民交通出版社,2004.

[16] 刘伟清. 高速公路营运管理专业知识与实务[M]. 北京:人民交通出版社,2006.